Ralph Sasse

Bestimmung von Entfernungsbildern durch aktive stereoskopische Verfahren

Fortschritte der Robotik

Herausgegeben von Walter Ameling und Manfred Weck

Ralph Sasse

Bestimmung von Entfernungsbildern durch aktive stereoskopische Verfahren

Die Deutsche Bibliothek – CIP-Einheitsaufnahme

Sasse, Ralph:
Bestimmung von Entfernungsbildern durch aktive
stereoskopische Verfahren / Ralph Sasse. –
Braunschweig; Wiesbaden: Vieweg, 1994
    (Fortschritte der Robotik; Bd. 23)
    Zugl.: Berlin, Techn. Univ., Diss.

Fortschritte der Robotik
Exposés oder Manuskripte zu dieser Reihe werden zur Beratung erbeten an:
Prof. Dr.-Ing. Walter Ameling, Rogowski-Institut für Elektrotechnik der RWTH Aachen,
Schinkelstr. 2, D-52062 Aachen
oder
Prof. Dr.-Ing. Manfred Weck, Laboratorium für Werkzeugmaschinen und Betriebslehre
der RWTH Aachen, Steinbachstr. 53, D-52074 Aachen
oder an den
Verlag Vieweg, Postfach 58 29, D-65048 Wiesbaden.

D 83 (Diss. TU Berlin)

Gedruckt auf säurefreiem Papier
ISBN 978-3-528-06656-7   ISBN 978-3-322-88814-3 (eBook)
DOI 10.1007/978-3-322-88814-3

Vorwort

Der Verfasser dankt Herrn Prof. G. Hommel für die Betreuung und Förderung dieser Arbeit, ebenso Herrn Prof. R. Klette für die gewährte Unterstützung.

Für die Beratung und Unterstützung in theoretischen und praktischen Belangen sowie für ausführliche Diskussionen sei Herrn Dr. A. Knoll gedankt.

In gleicher Weise gilt der Dank den Studenten, die mit Ihren Studien- oder Diplomarbeiten Grundlagen geschaffen haben, ohne die diese Arbeit nicht zustande gekommen wäre. Besonders hervorgehoben seien dabei die Herren Dipl.-Ing. F. Ottink sowie Dipl.-Ing. M. Verch.

Inhalt

1 Einleitung

Da Roboter im dreidimensionalen Raum arbeiten, ist es notwendig, ihre Arbeitsumgebung mit dreidimensional arbeitenden Sensoren zu erfassen. So muß z.B. die exakte Stellung eines Objektes ermittelt werden, bevor es gegriffen werden kann. Ist die Form des Objekts nicht bekannt, dann werden zusätzlich Informationen über seine Gestalt benötigt, um eine Greifstellung bestimmen zu können. Allgemein können die Anwendungsgebiete dreidimensional arbeitender Sensoren unterteilt werden in

- Kollisionsvermeidung und Wegeplanung, sowie
- Objekt- und/oder Lageerkennung.

Die Anforderungen an den Sensor unterscheiden sich je nach Anwendungsgebiet. Leistungsparameter sind:

- der Arbeitsbereich des Sensors
- die Präzision der Messungen (Auflösung und Genauigkeit)
- die Anzahl der Meßpunkte
- die Meßrate
- die Störunempfindlichkeit.

Allgemein muß für die Kollisionsvermeidung und Wegeplanung der Arbeitsbereich des Sensors größer, die Präzision der Messungen und die Anzahl der Meßpunkte geringer und die Meßrate größer als bei der Objekt- und Lageerkennung sein. Eine wesentliche Anforderung an ein zu entwickelndes Sensorsystem muß daher sein, daß es einfach an die unterschiedlichen Anforderungen angepaßt werden kann. [Jain 90] stellt in einer Übersicht über den Stand der Technik für entfernungsmessende Systeme die Forderung auf, daß zukünftige entfernungsmessende Systeme in der Lage sein sollen, die Meßdatenerfassung so kurz zu gestalten, daß auch bewegte Objekte erfaßt werden können.

Computer-Sichtsysteme sind in vielfacher Hinsicht gut geeignet, Umweltinformation aufzunehmen. Im einfachsten Fall liefern diese Systeme jedoch nur zweidimensionale Information, da bei der Abbildung einer Szene auf die Bildfläche einer Kamera die Tiefeninformation verlorengeht. In der Literatur wird eine Vielzahl von entfernungsmessenden Verfahren beschrieben, die diesen Informationsverlust ausgleichen.
Eine relativ neue Herangehensweise an das Problem der Entfernungsmessung ist die Kombination einer aktiven Energiequelle mit dem normalerweise passiv arbeitenden Stereoverfahren, die sogenannte *aktive Stereometrie* [Gerhardt 86]. Dieses Prinzip wird in der vorliegenden Arbeit vorgestellt und auf seine Leistungsfähigkeit hin untersucht, sowie eine neue Ausprägung – die aktive Stereometrie mit Farbe – vorgestellt.

In den folgenden Kapiteln werden zunächst die wesentlichen theoretischen Grundlagen bereitgestellt, die zur Entfernungsbilderstellung mittels der aktiven Stereometrie erforderlich sind. Dazu wird in Kapitel 2 ein geeignetes Kameramodell eingeführt, mit dem (u.a.) die Entfernungsberechnung bei einem beliebigen Kameraaufbau möglich ist.

In Kapitel 3 wird zuerst auf bekannte und den hier vorgestellten Verfahren verwandte Ansätze eingegangen. Es werden aktive Verfahren vorgestellt, die mit *einer* Kamera und mit unterschiedlichen Energiestrukturen arbeiten. Die Vorstellung der Verfahren zeigt die historische Entwicklung der Komplexitätssteigerung der Energiestrukturen auf und dient der Vorbereitung zur folgerichtigen Einführung der kontinuierlichen Farbkodierung. Vom Prinzip her wäre jedes der vorgestellten aktiven Verfahren zur Kombination mit der passiven Stereometrie geeignet. Weiterhin wird eine Zusammenfassung der Schwierigkeiten und Lösungsansätze der passiven Stereoanalyse vorgenommen. Die meisten der in diesem Kapitel gezeigten Lösungsansätze können bei der aktiven Stereometrie verwendet werden. Die Vorstellung der existierenden Verfahren abschließend, wird das Meßprinzip der aktiven Stereometrie im Detail erläutert, sowie eine Gegenüberstellung der drei Ansätze vorgenommen.

In den Kapiteln 4 und 5 werden schließlich beispielhaft zwei unterschiedliche Verfahren vorgestellt, die auf dem Prinzip des aktiven Stereos basieren. Sie dienen dem Nachweis bzw. der Untersuchung der Anwendbarkeit des Meßprinzips. Dabei wird in Kapitel 4 die *Laserstereometrie* – ein hochgenaues aber relativ langsames Meßverfahren – vorgestellt. Die Laserstereometrie verwendet wie die Punktbeleuchtung als Energiestruktur einen in die Szene projizierten Laserpunkt. Die Laserstereometrie dient dabei der Untersuchung, ob und mit welcher Genauigkeit mit Hilfe der aktiven Stereometrie Entfernungsmessungen vorgenommen werden können.

Schließlich wird in Kapitel 5 die *aktive Stereometrie mit Farbe* vorgestellt. Dieses neue Verfahren ist eine Fortentwicklung der Farbstreifenbeleuchtung, verwendet aber eine dreidimensionale, farbige, kontinuierliche Energiestruktur, die ausschließlich im Zusammenhang mit der aktiven Stereometrie anwendbar ist. Die aktive Stereometrie mit Farbe ist im Vergleich zur Laserstereometrie ein relativ genaues, sehr schnelles Verfahren. Es stellt das derzeit einzige Verfahren dar, das vom Prinzip her alle Möglichkeiten der aktiven Stereometrie ausschöpfen kann. Es zeichnet sich vor den meisten aktiven Triangulationsverfahren dadurch aus, daß mit einer einzigen Aufnahme die gesamte Meßdatenerfassung vorgenommen werden kann. Dadurch ist die Erfassung bewegter Objekte möglich. Weiterhin ist es gegenüber Farbänderungen durch die Objekte in der Szene unempfindlich, wodurch die Wahl der Kodierungsform so getroffen werden kann, daß eine beliebig hohe Auflösung erreicht werden kann. Die herausragenden Vorteile gegenüber der passiven Stereometrie sind die prinzipbedingte Möglichkeit zur Erzeugung sehr dichter Entfernungskarten und die einfache Korrespondenzanalyse, die leicht parallelisierbar ist. Dadurch ist eine hohe Auswertungsgeschwindigkeit erreichbar. Weiterhin ermöglicht das Meßprinzip die einfache Erkennung von Meßlücken aus den Meßdaten.

2 Kameramodell

Das Kameramodell dient der exakten mathematischen Beschreibung der Abbildungs-verhältnisse der verwendeten Kameras. Im folgenden werden die wichtigsten Berechnungsvorschriften für die Entfernungsberechnung, insbesondere für den nicht achsenparallelen Stereoaufbau, hergeleitet. Weiterhin werden einige auf dem Modell aufbauende Anwendungen, wie z.B. die Berechnung der Epipolargeometrie und ein Kameramodell für mobile Kameras, vorgestellt. Dazu wird zunächst das einfache Lochkameramodell vorgestellt, das heute noch in vielen Anwendungen eingesetzt wird. Wegen einiger Unzulänglichkeiten dieses Modells wird das bessere Kollinearitätsmodell eingeführt, das insbesondere für Anwendungen in der Robotik geeignet ist, da es ein kameraexternes Bezugskoordinatensystem berücksichtigt. Abschließend wird gezeigt, daß die Einführung des Kollinearitätsmodells trotz des hohen algorithmischen Aufwandes für Stereoanalysesysteme sinnvoll ist, da durch eine schielende Kameraanordnung eine Genauigkeitssteigerung erreicht werden kann.

2.1. Lochkameramodell

Die Punktprojektion ist das grundlegende Modell der Transformation, die vom menschlichen Auge, von Kameras oder verschiedenen anderen Bildgeräten benutzt wird [Ballard 82]. In erster Annäherung funktionieren diese Bildaufnahmegeräte wie eine Lochkamera, in der das Bild aus Punkten der dargestellten Szene besteht, deren Sichtstrahlen durch einen einzelnen Punkt (Projektions- oder Fokuspunkt) auf eine Bildfläche geworfen werden.

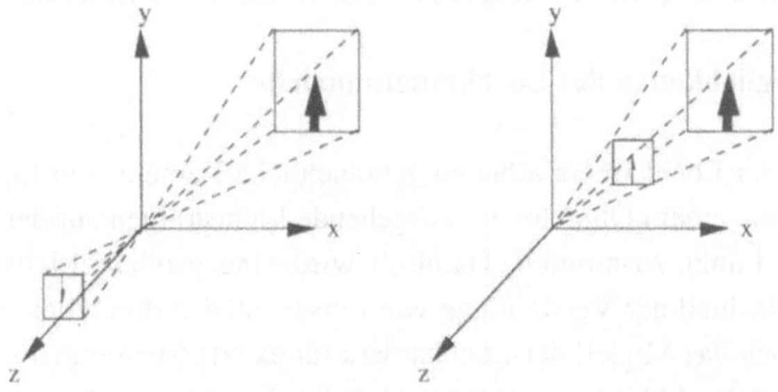

Abbildung 2.1: Das Lochkameramodell (nach [Ballard 82])

Die Bildfläche befindet sich (wie im linken Teil von Abb. 2.1) im Abstand f hinter diesem Projektionspunkt. Der Abstand f wird als Fokuslänge oder als Brennweite bezeichnet. Das Bild ist seitenverkehrt und auf den Kopf gestellt. Legt man die Bildfläche wie im rechten Teil von Abb. 2.1 im gleichen Abstand vor den Projektionspunkt, kommt

man zu einer anschaulicheren Darstellung, die den Projektionspunkt als Betrachterstandpunkt definiert.

Es seien (wie in Abbildung 2.2) f der Abstand des Betrachterstandpunktes von der
Bildfläche und (X,Y,Z) die Koordinaten eines Objektpunktes, so ergibt sich nach dem
Strahlensatz als Abbildungsgröße x bzw. y [Ballard 82]:

$$\frac{x}{f} = \frac{X}{f-Z} \qquad \text{bzw.} \qquad \frac{y}{f} = \frac{Y}{f-Z}$$

Damit wird der Punkt (X,Y,Z) abgebildet auf:

$$(x,y) = \left(\frac{f \cdot X}{f-Z}, \frac{f \cdot Y}{f-Z} \right)$$

Wichtig ist, daß bei dieser Abbildung die Tiefeninformation verlorengeht.

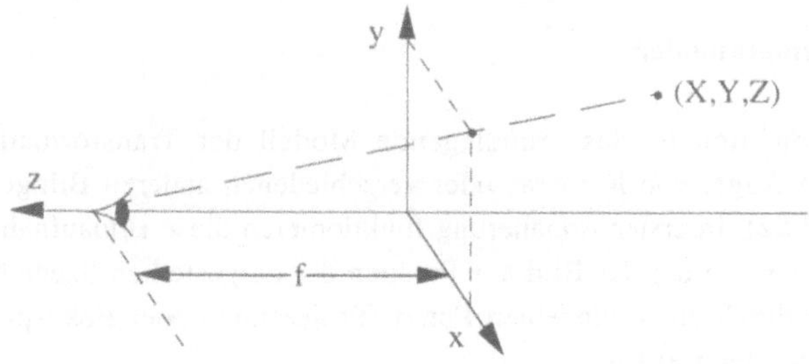

Abbildung 2.2: Abbildung beim Lochkameramodell (nach [Ballard 82])

2.2. Unzulänglichkeiten des Lochkameramodells

Im Gegensatz zur Lochkamera arbeiten gebräuchliche Kameras mit Linsen. Diese bün-
deln mehrere von einem Objektpunkt ausgehende Lichtstrahlen auf der Bildfläche wieder zu einem Punkt zusammen. Dadurch wird eine größere Lichtempfindlichkeit
erreicht. Der Nachteil der Verwendung von Linsen ist, daß durch optische Abbildungsfehler der Linsen das Modell der Lochkamera für exakte Messungen nicht mehr genau
genug ist. Optische Abbildungsfehler sind dadurch gekennzeichnet, daß sich die von
einem Objektpunkt ausgehenden Strahlen nicht restlos in dem sogenannten *konjugier-
ten Bildpunkt* vereinigen. Der konjugierte Bildpunkt ist der Punkt, in dem sich eigentlich alle vom Objekt ausgehenden Strahlen vereinigen sollen. Der wichtigste optische
Abbildungsfehler durch Linsen ist die sogenannte *Verzeichnung*. Die Verzeichnung
verfälscht die geometrische Ähnlichkeit des Bildes mit dem Objekt und tritt stets rotati-
onssymmetrisch zur optischen Achse auf. In der Realität kommen mehrere Bildfehler

gleichzeitig vor. Dabei sind die auftretenden Bildfehler nichtlinear miteinander verknüpft.

Neben den optischen Abbildungsfehlern treten bei der Übertragung des von der Kamera aufgenommenen Bildes in den Speicherbereich des Computers weitere Abbildungsfehler auf. Der horizontale Skalierungsfehler ([Lenz 88, Dühler 87, Luhmann 87]) wird durch die nicht exakte Synchronisation zwischen der Computer-Bildaufnahmehardware und der Kamerahardware verursacht.

Voraussetzung zur Anwendung des Lochkameramodells ist eine exakte Ausrichtung und Positionierung der Kamera. Dieses einfache Kameramodell erweist sich als unzureichend, da die Erfüllung dieser Forderungen in der Praxis unmöglich bzw. unerwünscht ist.

Diese Unzulänglichkeiten des Modells müssen für eine exakte Messung kompensiert werden. Eine Methode, die dies leistet, wird im folgenden vorgestellt.

2.3. Kamerakalibrierung

Unter Kalibrierung wird im allgemeinen die Anpassung eines Modells an die reale Umwelt verstanden. Ziel der Kamerakalibrierung ist es, die Parameter eines gegebenen Kameramodells so zu bestimmen, daß das Modell des Bildabbildungsprozesses die realen Gegebenheiten möglichst gut nachbildet [Ottink 89].

Für die Beschreibung des Abbildungsprozesses eines Weltpunktes auf einen Kamerapunkt wird zwischen inneren und äußeren Kameraparametern unterschieden. Innere Kameraparameter sind [Faugeras 86]:

- Fokuslänge,
- horizontaler und vertikaler Skalierungsfaktor,
- Bildmittelpunktkoordinaten und
- Rechtwinkligkeitsfehler.

Äußere Kameraparameter sind die Rotationen und die Translationen des Kamerakoordinatensystems bezüglich des Weltkoordinatensystems.

Zunächst werden einige Koordinatensysteme, wie sie in Abbildung 2.3 eingezeichnet sind, definiert. Alle Betrachtungen beziehen sich dabei auf das Lochkameramodell.

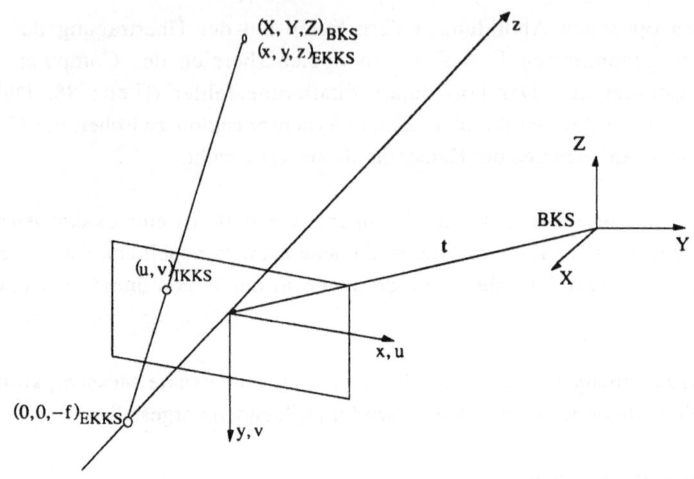

Abbildung 2.3: Festlegung der Koordinatensysteme

Das Welt- bzw. Bezugskoordinatensystem (BKS) ist ein dreidimensionales rechtshändiges Koordinatensystem. Punkte dieses Koordinatensystemes werden durch Großbuchstaben (X, Y, Z) oder durch $(X, Y, Z)_{BKS}$ dargestellt. Die Lage dieses Koordinatensystems kann beliebig gewählt werden. Im Gegensatz zu vielen anderen Modellen kann daher das BKS an einen Ort gelegt werden, der physikalisch zugänglich und damit für Messungen geeignet ist. Eine andere Möglichkeit ergibt sich im Zusammenhang mit der Robotik dadurch, daß als BKS das Koordinatensystem des verwendeten Roboters gewählt werden kann. Dadurch werden in den späteren Berechnungen Koordinaten direkt in den Koordinaten des Roboters ermittelt und müssen nicht erst einer Transformation unterworfen werden. Das externe Kamerakoordinatensystem (EKKS) ist ebenfalls ein dreidimensionales rechtshändiges Koordinatensystem, das so angeordnet ist, daß die x-Achse des Systems parallel zu den Bildzeilen verläuft und in der Bildebene der Kamera liegt. Die z-Achse zeigt in Blickrichtung der Kamera. Die Beschreibung der Punkte erfolgt durch Kleinbuchstaben (x, y, z) oder durch $(x, y, z)_{EKKS}$. Das zweidimensionale interne Kamerakoordinatensystem (IKKS) liegt innerhalb der Bildebene und beschreibt die Kamerabildpunkte durch (u, v) beziehungsweise $(u, v)_{IKKS}$.

Die Definitionen für das EKKS und das IKKS sind nicht vollständig, da keine Aussage über den Ursprung der Koordinatensysteme gemacht wird. Für die folgenden Betrachtungen sei das EKKS so angeordnet, daß das Projektionszentrum der Kamera auf der z-

Achse liegt. Die u- bzw. v-Achse des IKKS sind mit der x- bzw. y-Achse des EKKS identisch. Die Anordnung der Koordinatensysteme in dieser Form ist nicht zwingend erforderlich, und wie wir später noch sehen werden, muß nicht einmal die Rechtwinkligkeit dieser Systeme gegeben sein. Die nachfolgenden Betrachtungen werden jedoch durch diese Festlegung erheblich vereinfacht.

2.4. Kollinearitätsmodell

Im folgenden soll ein analytischer Ansatz zur Beschreibung der Abbildungsverhältnisse betrachtet werden. Neben dem hier beschriebenen sogenannten *Kollinearitätsmodell* existiert eine Vielzahl von anderen Modellen, die alle versuchen, die Abbildung eines Weltpunktes auf einen Kamerapunkt mathematisch möglichst exakt zu beschreiben.

Die Kollinearitätsbedingung, besagt, daß der Weltpunkt $P = (X, Y, Z)_{BKS}$, der Kamerabildpunkt $p = (u,v)_{IKKS}$ und der Fokuspunkt $(0, 0, -f)_{EKKS}$ auf einer Geraden liegen. Unter Annahme dieser Bedingung lassen sich mit Hilfe des Strahlensatzes die Bildpunktkoordinaten $(u, v)_{IKKS}$ aus einem Punkt $(x, y, z)_{EKKS}$ berechnen.

$$u = \frac{f \cdot x}{f + z} \qquad\qquad v = \frac{f \cdot y}{f + z} \qquad\qquad\qquad\qquad (2.1)$$

Lochkameramodell und Kollinearitätsmodell basieren auf demselben Prinzip, nämlich der Vereinigung der vom Objekt ausgehenden Strahlen in einem Punkt. Das Kollinearitätsmodell ist also eine Erweiterung des Lochkameramodells und stellt das mathematische Werkzeug zur Verfügung, die Abbildungsverhältnisse mit Hilfe linearer Abbildungen beschreiben zu können. Dazu werden zunächst einige aus der Computergraphik bekannten Abbildungen definiert, die kartesische Punkte in homogene Punkte bzw. umgekehrt überführen. [Penna 86]

Ein Punkt des euklidschen Raumes $P \in R^3$ wird durch die Abbildung T_h in einen äquivalenten Punkt P' des projektiven Raumes RP^3 projiziert.

$$T_h{:}R^3 \rightarrow RP^3{:}T_h((X,Y,Z)) \rightarrow (h \cdot X, h \cdot Y, h \cdot Z, h) \qquad\qquad \forall h \neq 0$$

Ein Punkt $P' \in RP^3$ wird durch die Abbildung T_w in einen äquivalenten Punkt $P \in R^3$ abgebildet.

$$T_w{:}RP^3 \rightarrow R^3{:}T_w((X,Y,Z,h)) \rightarrow \left(\frac{X}{h}, \frac{Y}{h}, \frac{Z}{h}\right) \qquad\qquad \forall h \neq 0$$

Ein Punkt $p \in R^2$ wird durch die Abbildung I_h in einen äquivalenten Punkt $p' \in RP^3$ abgebildet.

$$I_h:R^2 \to RP^3:I_h((x,y)) \to (h{\cdot}x,h{\cdot}y,0,h) \qquad \forall h{\neq}0$$

Ein Punkt $p' \in RP^2$ wird durch die Abbildung I_w in einen äquivalenten Punkt $p \in R^2$ abgebildet.

$$I_w:RP^3 \to R^2:I_w((x,y,0,h)) \to \left(\frac{x}{h},\frac{y}{h}\right) \qquad \forall h{\neq}0$$

Die Abbildungen mit dem Index h überführen kartesische in homogene Koordinaten und die mit dem Index w homogene in kartesische Koordinaten.

Mit Hilfe dieser Abbildungen läßt sich die Projektion eines Punktes P bezüglich des BKS in einen Kamerabildpunkt bezüglich des IKKS nun durch eine Reihe von Transformationen graphisch veranschaulichen.

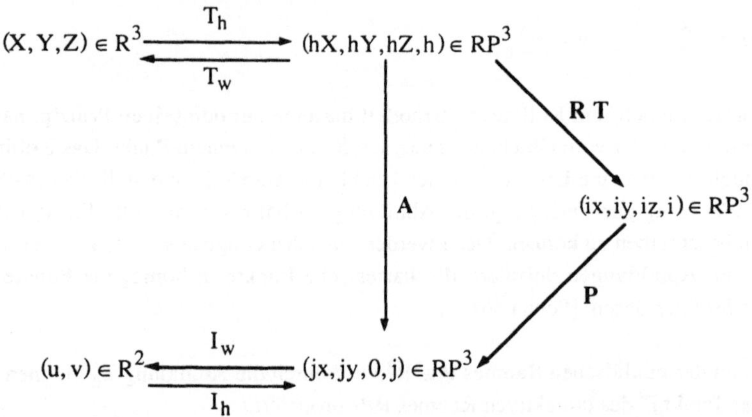

Abbildung 2.4: Abbildung eines Objektpunktes auf die Kameraebene

Zunächst wird ein Punkt $(X, Y, Z)_{BKS}$ durch die Abbildung T_h in einen homogenen Weltpunkt transformiert. Auf diesen homogenen Punkt wird die Transformation $\mathbf{R} \cdot \mathbf{T}$, zusammengesetzt aus einer Rotation und einer Translation, angewendet, die Punkte bezüglich des BKS in Punkte bezüglich des EKKS transformiert. Die Matrix $\mathbf{P}$, die im allgemeinen als Matrix der perspektivischen Transformation bezeichnet wird, bildet diese Punkte in die projektive Ebene der Kamera ab. Dieser homogene Punkt wird durch die Abbildung I_w in kartesische Koordinaten des IKKS überführt.

Die einzelnen Transformationsmatrizen, die eine Abbildung zwischen den einzelnen Koordinatensystemen repräsentieren, haben dabei folgende Gestalt:

$$
\mathbf{P} = \begin{pmatrix} 1 & 0 & 0 & 0 \\ 0 & 1 & 0 & 0 \\ 0 & 0 & 0 & 0 \\ 0 & 0 & 1/f & 1 \end{pmatrix} \quad \mathbf{R} = \begin{pmatrix} r_{11} & r_{12} & r_{13} & 0 \\ r_{21} & r_{22} & r_{23} & 0 \\ r_{31} & r_{32} & r_{33} & 0 \\ 0 & 0 & 0 & 1 \end{pmatrix} \quad \mathbf{T} = \begin{pmatrix} 1 & 0 & 0 & t_x \\ 0 & 1 & 0 & t_y \\ 0 & 0 & 1 & t_z \\ 0 & 0 & 0 & 1 \end{pmatrix}
$$

Die Matrix P bildet die homogenen Punkte des EKKS in die projektive Ebene der Kamera ab. Die Herleitung dieser Matrix aus Gleichung (2.1) findet sich beispielsweise in [Horn 86, Ottink 89, Tsai 86]. Ergebnis dieser Projektion ist eine zweidimensionale Abbildung der betrachteten (3D-)Szene. Wichtig ist, daß bei dieser Abbildung die Tiefeninformation verlorengeht.

Die Matrix $\mathbf{A} = \mathbf{P\,R\,T}$ beschreibt die vollständige Transformation eines homogenen Weltpunktes in einen homogenen Kamerapunkt:

$$
\mathbf{A} = \mathbf{P\,R\,T} = \begin{pmatrix} r_{11} & r_{12} & r_{13} & r_{11}t_x+r_{12}t_y+r_{13}t_z \\ r_{21} & r_{22} & r_{23} & r_{21}t_x+r_{22}t_y+r_{23}t_z \\ 0 & 0 & 0 & 0 \\ \dfrac{r_{31}}{f} & \dfrac{r_{32}}{f} & \dfrac{r_{33}}{f} & 1+\dfrac{r_{31}t_x+r_{32}t_y+r_{33}t_z}{f} \end{pmatrix} \tag{2.2}
$$

Damit läßt sich nun auch die Abbildung eines Weltpunktes P_{BKS} auf einen Kamerabildpunkt p_{IKKS} beschreiben.

$$
\begin{aligned}
(u,v)_{IKKS} \quad &= I_w \left(\mathbf{A} \cdot (T_h(X,Y,Z)_{BKS})^T \right) \\
&= I_w \left(\mathbf{A} \cdot (X,Y,Z,1)^T \right) \\[2mm]
&= I_w \begin{pmatrix} a_{11}X+a_{12}Y+a_{13}Z+a_{14} \\ a_{21}X+a_{22}Y+a_{23}Z+a_{24} \\ 0 \\ a_{41}X+a_{42}Y+a_{43}Z+a_{44} \end{pmatrix} \\[2mm]
&= \begin{pmatrix} \dfrac{a_{11}X+a_{12}Y+a_{13}Z+a_{14}}{a_{41}X+a_{42}Y+a_{43}Z+a_{44}} \\[2mm] \dfrac{a_{21}X+a_{22}Y+a_{23}Z+a_{24}}{a_{41}X+a_{42}Y+a_{43}Z+a_{44}} \end{pmatrix}
\end{aligned} \tag{2.3}
$$

Diese Gleichung kann auf drei verschiedene Arten interpretiert werden [Henriksen 87]:

(1) Sie kann zur Bestimmung der Koeffizienten a_{ij} der Transformationsmatrix **A** herangezogen werden, falls eine gewisse Anzahl von Punktepaaren { (X,Y,Z), (u,v) } gegeben ist.

(2) Sie ist Bestimmungsgleichung für die Bildpunktkoordinaten (u,v), falls die Koeffizienten der Matrix **A** und die Koordinaten (X, Y, Z) des Weltpunktes bekannt sind.

(3) Mit ihrer Hilfe können aus einem Kamerabildpunkt (u, v) und, falls eine der Koordinaten des Weltpunktes (X, Y, Z) bekannt ist, die restlichen zwei Weltkoordinaten ermittelt werden.

Diese drei Interpretationsmöglichkeiten sollen im folgenden genauer betrachtet werden.

Bestimmung der Transformationsmatrix

Zunächst soll die Bestimmung der Transformationsmatrix **A** näher untersucht werden, da dies Grundvoraussetzung zur Lösung der beiden anderen Probleme ist. Aus Gleichung (2.3) ergeben sich durch Umstellen sofort zwei Gleichungen:

$$a_{11}X + a_{12}Y + a_{13}Z + a_{14} - u \cdot (a_{41}X + a_{42}Y + a_{43}Z + a_{44}) = 0$$

$$a_{21}X + a_{22}Y + a_{23}Z + a_{24} - v \cdot (a_{41}X + a_{42}Y + a_{43}Z + a_{44}) = 0 \qquad (2.4)$$

Mit Hilfe dieser beiden Gleichungen und j Punktepaaren (j≥6) läßt sich das folgende Gleichungssystem (2.5) aufstellen, das zur Bestimmung der Matrixkoeffizienten a ausreicht. Die Punktepaare sind Weltpunkte (X_j, Y_j, Z_j), die nicht in einer Ebene liegen, und die zugehörigen Bildpunkte (u_j, v_j).

$$
\begin{pmatrix}
X_1 & Y_1 & Z_1 & 1 & 0 & 0 & 0 & 0 & -u_1X_1 & -u_1Y_1 & -u_1Z_1 & -u_1 \\
0 & 0 & 0 & 0 & X_1 & Y_1 & Z_1 & 1 & -v_1X_1 & -v_1Y_1 & -v_1Z_1 & -v_1 \\
X_2 & Y_2 & Z_2 & 1 & 0 & 0 & 0 & 0 & -u_2X_2 & -u_2Y_2 & -u_2Z_2 & -u_2 \\
0 & 0 & 0 & 0 & X_2 & Y_2 & Z_2 & 1 & -v_2X_2 & -v_2Y_2 & -v_2Z_2 & -v_2 \\
& & & & & \cdots & & & & \\
& & & & & \cdots & & & & \\
X_j & Y_j & Z_j & 1 & 0 & 0 & 0 & 0 & -u_jX_j & -u_jY_j & -u_jZ_j & -u_j \\
0 & 0 & 0 & 0 & X_j & Y_j & Z_j & 1 & -v_jX_j & -v_jY_j & -v_jZ_j & -v_j
\end{pmatrix}
\cdot
\begin{pmatrix}
a_{11} \\ a_{12} \\ a_{13} \\ a_{14} \\ a_{21} \\ a_{22} \\ a_{23} \\ a_{24} \\ a_{41} \\ a_{42} \\ a_{43} \\ a_{44}
\end{pmatrix}
= 0
$$

Um Fehlern, die durch Ungenauigkeiten bei der Vermessung der Punktepaare entstehen, entgegenzuwirken, wird j im allgemeinen wesentlich größer als 6 gewählt. Dieses

überbestimmte Gleichungssystem läßt sich mit Hilfe numerischer Verfahren fehler-
minimierend lösen. Eine spezielle Lösung eines überbestimmten Gleichungssystems

$$\mathbf{M \cdot a = b}; \qquad\qquad \mathbf{b} \neq 0$$

findet man, falls $a_{44} = 1$ (o.B.d.A.) gewählt wird durch:

$$\mathbf{a = (M^T M)^{-1} M^T b} \tag{2.6}$$

Der Ausdruck $(\mathbf{M}^T\mathbf{M})^{-1}\mathbf{M}^T$ wird als *Pseudoinverse* der Matrix $\mathbf{M}$ bezeichnet. Die
Beschreibung des verwendeten Verfahrens zur Bestimmung der Pseudoinversen mittels
der Orthogonalisierungsmethode von Householder findet sich in [Ottink 89, Stoer 76].

Bestimmung der Bildpunktkoordinaten

Die Bildpunktkoordinaten eines Weltpunktes lassen sich, nachdem die Transformationsmatrix einmal bestimmt ist, durch Anwendung der Gleichung (2.3) bestimmen.
Die Gleichungen lauten:

$$u = \frac{a_{11} \cdot X + a_{12} \cdot Y + a_{13} \cdot Z + a_{14}}{a_{41} \cdot X + a_{42} \cdot Y + a_{43} \cdot Z + a_{44}}$$

$$v = \frac{a_{21} \cdot X + a_{22} \cdot Y + a_{23} \cdot Z + a_{24}}{a_{41} \cdot X + a_{42} \cdot Y + a_{43} \cdot Z + a_{44}} \tag{2.7}$$

Berechnung der Weltpunktkoordinaten

Die Gleichungen (2.3) lassen sich folgendermaßen umschreiben:

$$(a_{11} - u \cdot a_{41})X + (a_{12} - u \cdot a_{42})Y + (a_{13} - u \cdot a_{43})Z + (a_{14} - u \cdot a_{44}) = 0$$

$$(a_{21} - v \cdot a_{41})X + (a_{22} - v \cdot a_{42})Y + (a_{23} - v \cdot a_{43})Z + (a_{24} - v \cdot a_{44}) = 0 \tag{2.8}$$

Diese Gleichungen beschreiben zwei sich schneidende Ebenen. Die Schnittgerade dieser beiden Ebenen definiert eine Gerade bezüglich des BKS, die durch das optische
Zentrum sowie durch den Bildpunkt (u, v) verläuft. Ist beispielsweise die Z-Koordinate
eines Weltpunktes auf dieser Geraden bekannt, so lassen sich die X- und Y-Koordinate
berechnen.

$$X = \frac{b_1(c_2 \cdot Z + d_2) - b_2(c_1 \cdot Z + d_1)}{a_1 \cdot b_2 - a_2 \cdot b_1}$$

$$Y = \frac{a_2(c_1 \cdot Z + d_1) - a_1(c_2 \cdot Z + d_2)}{a_1 \cdot b_2 - a_2 \cdot b_1}$$

mit

$$
\begin{aligned}
a_1 &= a_{11} - u \cdot a_{41} & a_2 &= a_{21} - v \cdot a_{41} \\
b_1 &= a_{12} - u \cdot a_{42} & b_2 &= a_{22} - v \cdot a_{42} \\
c_1 &= a_{13} - u \cdot a_{43} & c_2 &= a_{23} - v \cdot a_{43} \\
d_1 &= a_{14} - u \cdot a_{44} & d_2 &= a_{24} - v \cdot a_{44}
\end{aligned}
\tag{2.9}
$$

Trotz der Einfachheit des Modells werden viele Ungenauigkeiten innerhalb der internen Kamerageometrie linear approximiert. Dazu gehören:

- Skalierungsfehler aufgrund der ungenauen Kenntnis der Brennweite und ungleicher Auflösung entlang der Achsen des IKKS.
- Fehler aufgrund nicht gegebener Rechtwinkligkeiten innerhalb der Sensorfläche.
- Fehler, die aufgrund der nicht exakten Kenntnis des Kameraursprungs entstehen.

2.5. Anwendungsmöglichkeiten des Modells

Die folgenden Abschnitte untersuchen die verschieden Anwendungsmöglichkeiten, die sich aus dem Kollinearitätsmodell ergeben. Zunächst wird auf die Bestimmung der Brennweite aus der Transformationsmatrix eingegangen und anschließend auf die wichtige Frage der Anwendbarkeit des Modells auf Stereokamerasysteme.

Bestimmung der Brennweite

Dieser Abschnitt soll zeigen, wie sich aus der kalibrierten Kameramatrix **A** die effektive Brennweite der Kamera bestimmen läßt. Die nach Gleichung (2.2) ermittelte theoretische Transformationsmatrix **M** hat die folgende Form:

$$
\mathbf{M} = \mathbf{P\,R\,T} = \begin{pmatrix}
r_{11} & r_{12} & r_{13} & r_{11}t_x + r_{12}t_y + r_{13}t_z \\
r_{21} & r_{22} & r_{23} & r_{21}t_x + r_{22}t_y + r_{23}t_z \\
0 & 0 & 0 & 0 \\
\dfrac{r_{31}}{f} & \dfrac{r_{32}}{f} & \dfrac{r_{33}}{f} & 1 + \dfrac{r_{31}t_x + r_{32}t_y + r_{33}t_z}{f}
\end{pmatrix}
$$

Da bei der numerischen Bestimmung von **A** nur eine spezielle Lösung des Gleichungssystems (2.5) für ($a_{44} = 1$) ermittelt wurde, können die Matrizen **A** und **M** nur bis auf einen unbekannten Skalierungsfaktor s übereinstimmen.

$$
\mathbf{A} = s \cdot \mathbf{M}
\tag{2.10}
$$

Die Rotationsmatrix R ist orthonormal. Mit Hilfe der Orthonormalitätseigenschaft

$$r_{i1}^2 + r_{i2}^2 + r_{i3}^2 = 1 \qquad i = 1, 2, 3$$

lassen sich folgende Gleichungen aufstellen:

$$
\begin{aligned}
a_{11}^2 + a_{12}^2 + a_{13}^2 &= s^2 \\
a_{21}^2 + a_{22}^2 + a_{23}^2 &= s^2 \\
a_{41}^2 + a_{42}^2 + a_{43}^2 &= \frac{s^2}{f^2}
\end{aligned}
\tag{2.11}
$$

Da die Brennweite positiv sein muß, läßt sie sich eindeutig bestimmen:

$$
f = \sqrt{\frac{a_{11}^2 + a_{12}^2 + a_{13}^2}{a_{41}^2 + a_{42}^2 + a_{43}^2}} = \sqrt{\frac{a_{21}^2 + a_{22}^2 + a_{23}^2}{a_{41}^2 + a_{42}^2 + a_{43}^2}}
\tag{2.12}
$$

Bestimmung eines Punktes im dreidimensionalen Raum

Bei der Bestimmung der Weltpunktkoordinaten mittels des Kollinearitätsmodells in Kapitel 2.1.4 wurde gezeigt, daß zumindest eine Koordinate bekannt sein muß, um zu einer eindeutigen Lösung zu gelangen. Die Verwendung einer zweiten Kamera, deren Abbildungsfunktion nach dem gleichen Verfahren bestimmt wird, läßt eine eindeutige Bestimmung des Weltpunktes aus einem gegebenen Paar von Kamerabildpunkten zu. Da die Abbildungsverhältnisse der Kameras völlig unabhängig voneinander bestimmt werden können, eignet sich das Modell prinzipiell zur Entfernungsbestimmung aus beliebig vielen Ansichten. Der Abbildungsprozeß jeder einzelnen Kamera läßt sich mit Hilfe von Gleichung (2.3) folgendermaßen darstellen:

$$
\begin{aligned}
(u_l,v_l)_{IKKS_l} &= I_w \left(A_l \cdot (T_h(X,Y,Z)_{BKS})^T \right) \\
(u_r,v_r)_{IKKS_r} &= I_w \left(A_r \cdot (T_h(X,Y,Z)_{BKS})^T \right)
\end{aligned}
\tag{2.13a, 2.13b}
$$

wobei die Matrix A_l die Abbildungsfunktion der linken und A_r die der rechten Kamera beschreibt. Damit lassen sich, ähnlich wie in Kapitel 2.1.4, jeweils 2 Ebenen für die zwei Kameras durch folgende Gleichungen beschreiben:

$$
\begin{aligned}
(a_{11}-u_l\cdot a_{41})X &+ (a_{12}-u_l\cdot a_{42})Y &+ (a_{13}-u_l\cdot a_{43})Z &+ (a_{14}-u_l\cdot a_{44}) &= 0 \\
(a_{21}-v_l\cdot a_{41})X &+ (a_{22}-v_l\cdot a_{42})Y &+ (a_{23}-v_l\cdot a_{43})Z &+ (a_{24}-v_l\cdot a_{44}) &= 0 \\
(b_{11}-u_r\cdot b_{41})X &+ (b_{12}-u_r\cdot b_{42})Y &+ (b_{13}-u_r\cdot b_{43})Z &+ (b_{14}-u_r\cdot b_{44}) &= 0 \\
(b_{21}-v_r\cdot b_{41})X &+ (b_{22}-v_r\cdot b_{42})Y &+ (b_{23}-v_r\cdot b_{43})Z &+ (b_{24}-v_r\cdot b_{44}) &= 0
\end{aligned}
\tag{2.14}
$$

wobei die a_{ij} Komponenten der Matrix A_l und b_{ij} Komponenten der Matrix A_r sind und die Punkte (u_l, v_l) und (u_r, v_r) den linken beziehungsweise rechten Bildpunkt bezeichnen.

Der Schnittpunkt dieser vier Ebenen legt die Position des Punktes im Raum fest. Da sich die Ebenen aufgrund der Diskretisierung der digitalen Bilder jedoch sicher nicht in einem Punkt schneiden, wird eine ausgleichende Lösung des Gleichungssystemes mit Hilfe der Methode der Pseudoinversen bestimmt.

Bei Erweiterung der Gleichungen (2.14) um weitere Kamerastandorte ergibt sich bei n Kamerastandorten ein lineares Gleichungssystem mit 2n Gleichungen und drei Unbekannten (X, Y, Z). Der Fall n = 2 stellt die sogenannte *Stereoanalyse* (s. Kapitel 3.3) dar. Werden mehr als zwei Kamerastandorte ausgewertet, spricht man von „*Multiframe-Analyse*" (s. Kapitel 3.3).

Voraussetzung für eine exakte Bestimmung der Position im Raum ist, daß sich die korrespondierenden Punkte im linken und rechten Kamerabild eindeutig feststellen lassen. Im folgenden Abschnitt soll deshalb ein analytisches Verfahren aus der Photogrammetrie vorgestellt werden, das mit Hilfe der oben gewonnenen Abbildungen den Suchaufwand bei der Korrespondenzsuche erheblich reduziert und im Gegensatz zu den sonst üblichen Verfahren keine Bildeigenschaften, sondern lediglich die gegebenen Abbildungen verwendet.

Bestimmung der epipolaren Geometrie

Um die Position eines Punktes im Raum bestimmen zu können, ist es erforderlich, zunächst einmal die zugehörigen Bildpunkte innerhalb beider Kamerabilder zu finden. Der Aufwand dieser Korrespondenzsuche läßt sich unter Ausnutzung der im folgenden beschriebenen *epipolaren Geometrie* erheblich reduzieren. Normalerweise muß zur Lösung des Korrespondenzproblems das gesamte rechte Bild nach bestimmten Szeneneigenschaften, beispielsweise Kanten, untersucht werden. Ist jedoch die epipolare Geometrie eines Stereokamerasystems bekannt, so muß lediglich noch auf einer Geraden innerhalb des rechten Bildes nach dem korrespondierenden Punkt gesucht werden. Schränkt man zusätzlich noch den zu untersuchenden Entfernungsbereich ein, so reduziert sich der Suchraum auf einen bestimmten Abschnitt auf der Geraden.

Zur Begriffsdefinition betrachten wir die folgende Abbildung 2.5. Die Ebene, die durch einen Punkt P und die beiden Projektionszentren O_l und O_r bestimmt ist, wird als *epipolare Ebene* bezeichnet. Die Schnittgerade dieser Ebene mit einer der Bildebenen ergibt die *Epipolargerade*, und die Projektion des linken Projektionszentrums O_l auf die rechte Bildebene wird als *Epipol* e_r der rechten Kamera bezeichnet. Angenommen, der

Punkt P wird auf den Bildpunkt (u_l, v_l) der linken Bildebene abgebildet, so muß sich, wie Abb. 2.5 zeigt, der korrespondierende Bildpunkt im rechten Kamerabild auf der Epipolargeraden für diesen Bildpunkt befinden. Dies gilt für alle Punkte, die sich auf dem Strahl befinden, der durch die Punkte O_l und (u_l, v_l) definiert ist.

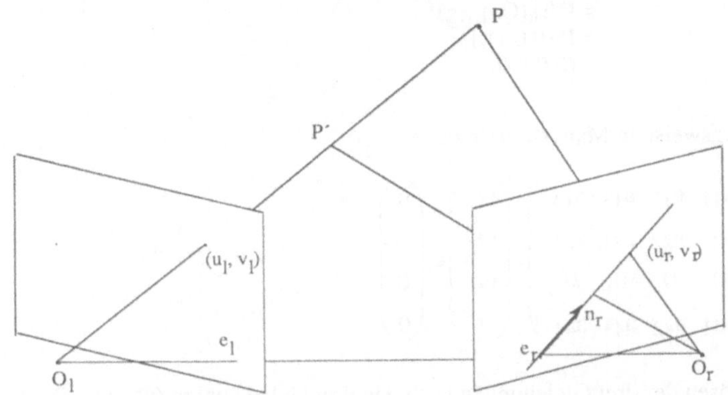

Abbildung 2.5: Bestimmung der epipolaren Geometrie

Bestimmung des Epipols

Der Epipol ist gegeben durch die Projektion eines optischen Zentrums O auf die Bildebene der anderen Kamera, läßt sich also durch Anwendung der Transformationsmatrix **A** auf den Punkt O berechnen. Die Position des Punktes O bezüglich des BKS ist jedoch unbekannt. Lediglich die Position dieses Punktes bezüglich des EKKS ist bekannt ($O_{EKKS} = (0,0,-f)$). Punkte des BKS können jedoch durch die Abbildung **R·T**, wie sie in Abschnitt 2.1.4 definiert wurde, in Punkte des EKKS transformiert werden. Also gilt:

$$O_{EKKS}{}^T = T_w \left(\mathbf{RT} \cdot (T_h(O_{BKS}))^T \right) \tag{2.15a}$$

beziehungsweise zur Bestimmung des Punktes O_{BKS}

$$O_{BKS}{}^T = T_w \left((\mathbf{RT})^{-1} \cdot (T_h(O_{EKKS}))^T \right) \tag{2.15b}$$

Die Abbildung **R T** ist jedoch nicht direkt gegeben, sondern lediglich die gesamte Matrix **A = P R T**. Die Anwendung dieser Abbildung auf beide Seiten der obigen Gleichung (2.15) liefert:

$$
\begin{aligned}
\mathbf{A}\cdot T_h(O_{BKS})^T &= \mathbf{PRT(RT)^{-1}}\cdot T_h(O_{EKKS})^T \\
&= \mathbf{P}\cdot T_h(O_{EKKS})^T \\
&= \mathbf{P}\cdot(0\ 0\ -f\ 1)^T \\
&= (0\ 0\ 0\ 0)^T
\end{aligned}
$$

beziehungsweise in Matrixschreibweise:

$$
\begin{pmatrix}
a_{11} & a_{12} & a_{13} & a_{14} \\
a_{21} & a_{22} & a_{23} & a_{24} \\
0 & 0 & 0 & 0 \\
a_{41} & a_{42} & a_{43} & a_{44}
\end{pmatrix}
\cdot
\begin{pmatrix}
O_x \\ O_y \\ O_z \\ 1
\end{pmatrix}
=
\begin{pmatrix}
0 \\ 0 \\ 0 \\ 0
\end{pmatrix}
\tag{2.16}
$$

Durch Lösen der drei Gleichungen nach den drei Unbekannten (O_x, O_y, O_z) erhält man das Projektionszentrum einer Kamera bezüglich des BKS. Der Epipol läßt sich nun durch Projektion des Punktes O_{BKS} auf die entsprechend andere Kamera bestimmen.

$$
e_{r_{IKKS}} = I_w\big(\mathbf{A}_r\cdot\big(T_h(O_{l_{BKS}})\big)^T\big) \qquad
e_{l_{IKKS}} = I_w\big(\mathbf{A}_l\cdot\big(T_h(O_{r_{BKS}})\big)^T\big)
\tag{2.17}
$$

Bestimmung der Epipolargeraden

Als nächstes soll nun die Epipolargerade für einen Punkt berechnet werden. Es sei noch einmal daran erinnert, daß die Epipolargerade definiert war als die Schnittgerade zwischen der von P, O_l und O_r aufgespannten Ebene und der Bildebene einer Kamera. Eine äquivalente Aussage, die die folgenden Ableitungsschritte besser beschreibt, lautet:
Die Epipolargerade der rechten Kamera für einen bestimmten Raumpunkt P ist die Projektion der Geraden durch die Punkte O_l und P auf die Bildebene der rechten Kamera.

Die Projektion des Punktes O_l auf die Bildebene der rechten Kamera ergibt nach Definition den Epipol e_r. In diesem Epipol schneiden sich demnach alle epipolaren Linien der rechten Kamera. Sei cp_l ein beliebiger, aber fester Punkt der linken Kamera für den die zugehörige epipolare Linie in der rechten Kamera bestimmt werden soll. Jeder Punkt P', der auf der Verbindungsgeraden von O_l nach cp_l liegt, liegt in derselben epipolaren Ebene und wird damit auf dieselbe epipolare Linie abgebildet. Daher können durch Anwendung der Gleichungen (2.9) mit einer beliebigen, angenommenen Entfernung Z die Weltkoordinaten eines fiktiven Punktes P' berechnet werden. Dieser Punkt P' wird durch Anwendung der Gleichungen (2.7) auf den Punkt (u_r, v_r) der rechten Kamera abgebildet. Mit e_r und (u_r, v_r) sind zwei Punkte der Epipolargeraden der rechten Kamera bestimmt.

Sei $\mathbf{n_r}$ der Vektor von e_r nach (u_r, v_r), dann gilt: Der zum linken Kamerapunkt cp_l korrespondierende rechte Kamerapunkt ist auf der Geraden

$$r = e_r + \lambda \cdot \mathbf{n_r} \quad \lambda \in R \tag{2.18}$$

zu suchen. Diese Gerade wird im folgenden „Epipolargerade der *rechten* Kamera" genannt.

Da jede Epipolargerade durch den Epipol geht, wird durch den Kamerapunkt cp_l und den Epipol e_l eine Epipolargerade definiert. Diese Gerade wird im folgenden „Epipolargerade der *linken* Kamera" genannt. Die Epipolargerade der linken und die der rechten Kamera liegen in derselben epipolaren Ebene. Für jeden Punkt, der auf einer dieser beiden Epipolargeraden liegt, gilt, daß der korrespondierende Kamerapunkt auf der anderen Epipolargerade liegen muß. Ein solches Paar von Epipolargeraden definieren wir als *korrespondierende* Epipolargeraden.

Um auch bei freien Kameraanordnungen auf die Vereinfachungen des achsenparallelen Aufbaus zurückgreifen zu können, können die Bilder transformiert werden. Diese im folgenden beschriebene Transformation wird als Epipolarentzerrung (*rectification*) bezeichnet.
Dazu werden zwei neue Transformationsmatrizen $\mathbf{M_l}$ bzw. $\mathbf{M_r}$ eingeführt, die dieselben optischen Fokuspunkte haben wie $\mathbf{A_l}$ bzw. $\mathbf{A_r}$, aber Weltpunkte auf eine gemeinsame Bildebene abbilden, die parallel zur Verbindungslinie der Fokuspunkte liegt.

$$\mathbf{M_i} = \begin{pmatrix} ((C_1 \times C_2) \times C_i)^T & 0 \\ (C_1 \times C_2)^T & 0 \\ ((C_1 - C_2) \times (C_1 \times C_2))^T & |C_1 \times C_2|^2 \end{pmatrix}$$

mit

C_i: Weltkoordinaten des Fokuspunktes der Kamera i, berechnet nach Gleichung (2.16)

Man kann zeigen, daß die Epipolarentzerrung durch lineare Transformation der Bildkoordinaten im projektiven Raum ausgeführt werden kann ([Ayache 88]):

$$\begin{pmatrix} u'_i \\ v'_i \\ s_i \end{pmatrix} = \mathbf{R_i} \cdot \begin{pmatrix} u_i \\ v_i \\ 1 \end{pmatrix}$$

18

wobei

$$R_i = \begin{pmatrix} ((C_1 \times C_2) \times C_i)^T \\ (C_1 \times C_2)^T \\ ((C_1 - C_2) \times (C_1 \times C_2))^T \end{pmatrix} \cdot \begin{pmatrix} a_2^i \times a_3^i, & a_3^i \times a_1^i, & a_1^i \times a_2^i \end{pmatrix}$$

mit

a_j^i: 3×1 Zeilenvektor der Abbildungsmatrix A der Kamera i wobei $a_j = (a_{j1}, a_{j2}, a_{j3})^T$

Die Anwendung der Epipolarentzerrung auf ein Stereobildpaar liefert Bilder mit parallelen, horizontalen Epipolarlinien, wobei korrespondierende Epipolarlinien in der gleichen Bildzeile liegen ($v'_1 = v'_2$). Zur Rekonstruktion der 3D-Punkte wird das abgewandelte Gleichungssystem (2.14) verwendet:

$$
\begin{aligned}
(a_{11}-u'_l \cdot a_{41})X &+ (a_{12}-u'_l \cdot a_{42})Y + (a_{13}-u'_l \cdot a_{43})Z + (a_{14}-u'_l \cdot a_{44}) = 0 \\
(a_{21}-v'_l \cdot a_{41})X &+ (a_{22}-v'_l \cdot a_{42})Y + (a_{23}-v'_l \cdot a_{43})Z + (a_{24}-v'_l \cdot a_{44}) = 0 \\
(b_{11}-u'_r \cdot b_{41})X &+ (b_{12}-u'_r \cdot b_{42})Y + (b_{13}-u'_r \cdot b_{43})Z + (b_{14}-u'_r \cdot b_{44}) = 0 \\
(b_{21}-v'_r \cdot b_{41})X &+ (b_{22}-v'_r \cdot b_{42})Y + (b_{23}-v'_r \cdot b_{43})Z + (b_{24}-v'_r \cdot b_{44}) = 0
\end{aligned}
$$

wobei die a_{ij} Komponenten der Matrix M_l und b_{ij} Komponenten der Matrix M_r sind und die Punkte (u'_l, v'_l) und (u'_r, v'_r) den linken beziehungsweise rechten Bildpunkt der transformierten Bilder bezeichnen.

2.6. Optimale Kameraanordnung

In diesem Abschnitt soll gezeigt werden, daß es sich trotz des nicht unerheblichen algorithmischen Mehraufwandes lohnt, das oben beschriebene Kameramodell bei der Stereoanalyse zu verwenden. Die Abbildung 2.6 zeigt die prinzipielle Anordnung eines achsenparallelen Stereokamerasystems. Der achsenparallele Aufbau zeichnet sich dadurch aus, daß die Bildflächen der beiden Kameras komplanar angeordnet sind, wodurch korrespondierende Epipolarlinien jeweils mit einer Bildzeile übereinstimmen, die zusätzlich denselben Index hat. In Abbildung 2.6 ist für eine Ebene der gemeinsame Sichtbereich der beiden Kameras punktiert eingezeichnet.

Der besseren Nachvollziehbarkeit wegen wollen wir zunächst die Abbildungsverhältnisse bestimmen, die sich vom Lochkameramodell ausgehend ergeben. Ein Raumpunkt P (X, Y, Z) läßt sich aus den korrespondierenden Bildpunkten (u_l, v_l) und (u_r, v_r) der linken beziehungsweise rechten Kamera eindeutig bestimmen, da die beiden Geraden, die durch den Brennpunkt und den Bildpunkt der jeweiligen Kamera gehen, sich in

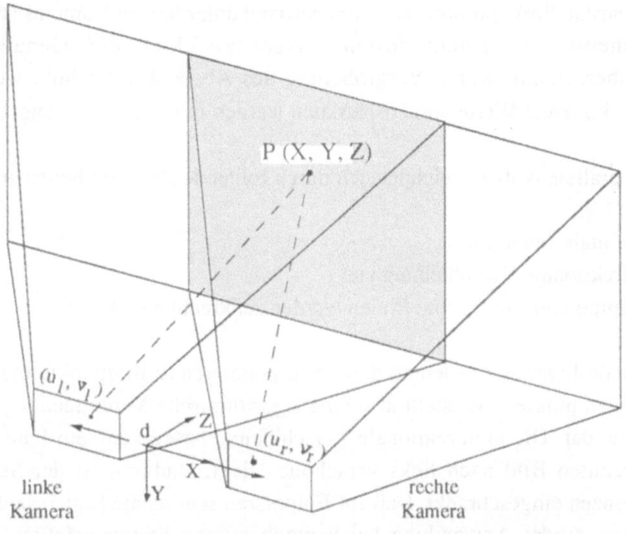

Abbildung 2.6: Achsenparalleles Stereokamerasystem (aus: [Ottink 90])

genau einem Punkt schneiden[1]. Für ein Kameramodell mit parallelen optischen Achsen und den Bildebenen innerhalb einer Ebene ergeben sich zur Bestimmung der Bildpunktkoordinaten folgende Gleichungen (vgl. [Ballard 82]):

$$\frac{u_l}{f} = \frac{X + d/2}{f - Z} \qquad \frac{u_r}{f} = \frac{X - d/2}{f - Z} \qquad \frac{v_l}{f} = \frac{v_r}{f} = \frac{Y}{f - Z} \qquad (2.19)$$

Diese drei Gleichungen lassen sich nach den Unbekannten X, Y, Z auflösen und man erhält zur Bestimmung eines Raumpunktes aus den Bildpunktkoordinaten der beiden Kameras folgende Gleichungen:

$$X = \frac{d \cdot u_l}{u_l - u_r} \qquad Y = \frac{d \cdot v_l}{u_l - u_r} \qquad Z = \frac{d \cdot f}{u_l - u_r} \qquad (2.20)$$

Der Ausdruck $(u_l - u_r)$ wird als *Disparität* bezeichnet. Offensichtlich ist die Disparität umgekehrt proportional zur Entfernung Z. Daraus ergibt sich, daß die Entfernung für Objekte, die den beiden Kameras nahe sind, relativ genau errechnet werden kann, da dann die Disparität groß ist. Weit entfernte Objekte können demgegenüber aufgrund der Diskretisierung digitaler Bilder nur ungenau lokalisiert werden. Umgekehrt gilt,

---

[1] Im allgemeinen Fall sind die Linien wegen der Diskretisierung bei der Bildaufnahme windschief.

daß die Disparität direkt proportional zum Abstand d der beiden Kameras ist. Das heißt, daß ausgehend von einem festen Disparitätsfehler die Genauigkeit der Entfernungsberechnung durch Vergrößerung des Abstandes d erhöht werden kann. Beispiele für konkrete Werte von Disparitäten werden in Kapitel 5. 2 angeführt.

Der achsenparallele Aufbau zeichnet sich durch folgende Besonderheiten aus:

- horizontale Invarianz,
- unidirektionale Verschiebung und
- zur Epipolaren senkrechte Linien werden senkrecht abgebildet.

Die horizontale Invarianz bedeutet, daß korrespondierende Bildpunkte in der gleichen Bildzeile liegen müssen. Sie stellt also eine algorithmische Vereinfachung der Korrespondenzsuche dar. Die unidirektionale Verschiebung besagt, daß ein Punkt des linken Bildes im rechten Bild nach links verschoben liegt. Dadurch ist der Suchraum für Korrespondenzen eingeschränkt. Daß zur Epipolaren senkrechte Linien senkrecht abgebildet werden, findet Anwendung bei kantenbasierten Stereoverfahren. Bei diesen Verfahren sind nur Kanten von Interesse, die die epipolare Linie möglichst senkrecht schneiden. Die Durchführung einer eindimensionalen Ableitung verstärkt in den Bildern senkrecht zu den epipolaren Linien stehende Kanten, während parallele Kanten unterdrückt werden.

Sind die Kameras nicht entsprechend dem achsenparallelen Aufbau, sondern z.B. mit zueinander geneigten Achsen ("schielend") angeordnet, dann werden die Formeln zur Berechnung der Weltkoordinaten wesentlich komplizierter.

Zunächst soll untersucht werden, wie die Kameras anzuordnen sind, damit sich eine optimale Ausnutzung der Sensorfläche ergibt. Je größer der Anteil des gemeinsamen Sichtbereiches am gesamten Sichtbereich der beiden Kameras ist, desto besser ist die Ausnutzung der Sensorfläche und damit auch die Genauigkeit der Entfernungsbestimmung.

Um den gemeinsamen Sichtbereich und damit die Ausnutzung der Sensorfläche zu optimieren, muß die schraffierte Fläche A_g der Abb. 2.7 maximiert werden. Ausgehend von einem festen Abstand d, einem bekannten Öffnungswinkel ε der Objektive und einer maximalen Entfernung Z_{max}, in der gemessen werden soll, ist der Schwenkwinkel ω_1 so zu bestimmen, daß die Fläche A_g maximal wird. Eine obere Schranke Z_{max} ist deshalb erforderlich, damit die zu berechnende Fläche nicht unendlich wird.

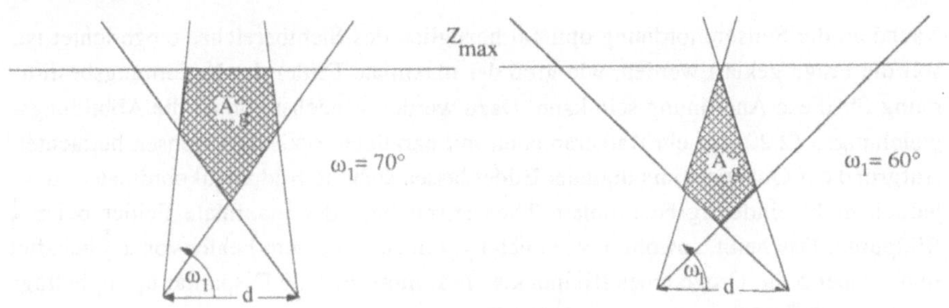

Abbildung 2.7: Sichtbereiche bei unterschiedlichen Schwenkwinkeln

Die Abbildungen zeigen deutlich, daß sich die Gesamtfläche in Abhängigkeit von ω_1 nicht eindeutig bestimmen läßt. Im ersten Fall muß die Fläche eines Dreiecks, dann die Fläche eines Fünfecks und anschließend die Fläche eines Drachen berechnet werden. An welcher Stelle die Übergänge zwischen den einzelnen Flächenformeln liegen, ist von den Parametern d, z_{max}, ε und ω_1 abhängig. Eine analytische Herleitung ist zwar möglich, die dabei entstehenden Beziehungen sind aber relativ komplex, weshalb hier auf eine Darstellung verzichtet wird. Stattdessen wird ein Algorithmus [Ottink 90] verwendet, mit dem der Winkel ω_1 graphisch so bestimmt werden kann, daß die Ausnutzung der Sensorfläche optimal wird.

Ein typisches Ergebnis dieses Algorithmus für die von uns verwendete Kameraanordnung zeigt die folgende Abb. 2.8. Dabei wurde der Abstand d mit 200 mm, die maximale Entfernung mit 1000 mm und der horizontale Öffnungswinkel des Objektivs mit 63.7° angenommen.

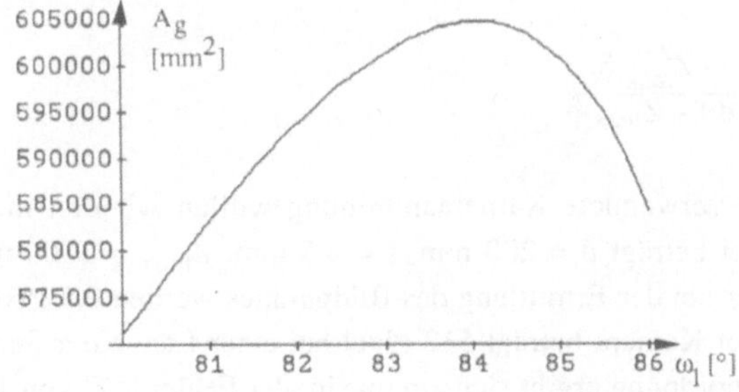

Abbildung 2.8: Fläche des Sichtbereiches

Abb. 2.8 zeigt den Verlauf der Fläche A_g in Abhängigkeit vom Schwenkwinkel ω_1. Der optimale Schwenkwinkel ergibt sich graphisch beim Maximum der Fläche A_g.

Nachdem die Sensoranordnung optimal bezüglich des Sichtbereiches eingerichtet ist, soll die Frage geklärt werden, wie groß der maximale Fehler der Entfernungsbestimmung für diese Anordnung sein kann. Dazu werden zunächst einmal die Abbildungsgleichungen (2.20) für ein Kameramodell mit parallelen optischen Achsen betrachtet. Aufgrund der Quantisierung digitaler Bilder lassen sich die Bildpunktkoordinaten (u, v) jedoch nicht eindeutig bestimmen. Theoretisch liegt der maximale Fehler bei $\pm\,\frac{1}{2}$ Bildpunkt. Das heißt, sowohl u_l wie auch u_r können mit einem Fehler von $\pm\,\frac{\delta}{2}$ behaftet sein, wobei δ die Größe eines Bildpunktes bestimmt. Für die Disparität $u_l - u_r$ beträgt die Abweichung im ungünstigsten Fall $\pm\,\delta$.

$$
\begin{aligned}
\Delta Z &= Z_e - Z \\
&= \frac{d \cdot f}{u_{le} - u_{re}} - Z \\
&= \frac{d \cdot f}{(u_l - u_r) + \delta} - Z \\
&= \frac{-Z^2\,\delta}{d\,f + Z\,\delta}
\end{aligned}
\tag{2.21}
$$

Nimmt man eine maximale Entfernung Z_{max} an, innerhalb derer Entfernungen bestimmt werden sollen, so lassen sich eine obere und eine untere Schranke für den maximal vorkommenden Fehler angeben.

$$
\frac{-Z_{max}^2\,\delta}{d\,f + Z_{max}\,\delta} \le \Delta Z \le \frac{+Z_{max}^2\,\delta}{d\,f - Z_{max}\,\delta}
$$

Durch Umstellen erhält man eine maximale obere Grenze des Fehlers ΔZ, die von der maximalen Entfernung Z_{max}, dem Disparitätsfehler und den Kameraparametern d, f und der Kameraauflösung abhängig ist.

$$
0 \le |\Delta Z| \le \frac{+Z_{max}^2\,\delta}{d\,f - Z_{max}\,\delta}
\tag{2.22}
$$

Für die von uns verwendete Kameraanordnung wollen wir den maximalen Fehler bestimmen. Dabei beträgt d = 200 mm, f = 4,5 mm, Z_{max} = 1000 mm, und für den maximalen Fehler bei der Ermittlung des Bildpunktes werden 0,5 Pixel angenommen. Die Auflösung der Kamera beträgt 512 Pixel bei einer Länge der Sensorfläche von 6 mm. Für diese Anordnung ergibt sich ein maximaler Fehler $|\Delta Z|$ von 13,2 mm. Nimmt man für die maximale Entfernung Z_{max} = 200 mm, so ergibt sich lediglich ein maximaler Fehler $|\Delta Z|$ von 0,5 mm.

Wir wollen jetzt noch den interessanteren Fall untersuchen, bei dem die beiden Kameras gegeneinander geneigt werden. Für die Bestimmung der Bildpunktkoordinaten der linken beziehungsweise rechten Kamera ergeben sich folgende Gleichungen:

$$u_l = \frac{f\big(X \cos(w_1) - Z \sin(w_1)\big)}{Z \cos(w_1) + X \sin(w_1)}$$

$$u_r = \frac{f\big((X - d) \cos(w_1) + Z \sin(w_1)\big)}{Z \cos(w_1) - (X - d) \sin(w_1)} \tag{2.23}$$

$$Z = \frac{d\big(f \cdot \cos(w_1) - u_l \cdot \sin(w_1)\big)}{2f^2 \cdot \cos(w_1)\sin(w_1) + 2u_l u_r \cdot \cos(w_1)\sin(w_1)\big(f \cdot \sin^2(w_1) - \cos^2(w_1)\big)(u_r - u_l)} \tag{2.24}$$

Für den Fehler ΔZ gilt wie oben:

$$\Delta Z = Z_e - Z$$

Bei optimaler Anordnung der Kameras und den gleichen Parametern wie oben ergibt sich für die maximalen Fehler:

$$Z_{max} = 1000 \text{ mm} \qquad \Delta Z = 11 \text{ mm}$$
$$Z_{max} = 200 \text{ mm} \qquad \Delta Z = 0{,}5 \text{ mm}$$

Die Genauigkeit nimmt also bei entsprechender Anordnung der Kameras zu. Das Kollinearitätsmodell liefert ein geeignetes Verfahren um solche schielenden Anordnungen mathematisch zu beschreiben.

2.7. Mobile Kameras

Abschließend soll noch eine neue Anwendung des Kollinearitätsmodells vorgestellt werden, das bei den hier vorgestellten Verfahren keine Rolle spielt, dessen Anwendungsmöglichkeiten aber insbesondere auf dem Gebiet der Robotersichtsysteme interessant ist. Wird eine Kamera beispielsweise an der Hand eines Roboters befestigt, so müßte mit dem bisher vorgestellten Verfahren nach jeder Bewegung der Hand eine neue Kalibrierung erfolgen, um den Bezug zum BKS wieder herzustellen. Stattdessen kann mit den folgenden Beziehungen eine bekannte Bewegungstransformation in die Abbildungstransformation eingerechnet werden.

Sei $\mathbf{P_{cal}}$ bezogen auf das Weltkoordinatensystem die Stellung, in der die Kamera kalibriert wurde und $\mathbf{A}$ die dort ermittelte Abbildungsmatrix. Dabei ist $\mathbf{P_{cal}}$ nicht notwendigerweise die Stellung, die durch den Anteil $\mathbf{R} \cdot \mathbf{T}$ von $\mathbf{A}$ beschrieben wird. Sei weiterhin $\mathbf{P_{neu}}$ bezogen auf das Weltkoordinatensystem die Stellung, in der sich die Kamera nach einer Bewegungstransformation befindet.

Durch die Transformation ist der Ursprung des externen Kamerakoordinatensystems verschoben. Aus Sicht der Kamera bedeutet dies, daß alle Weltpunkte relativ zur Bewegung verschoben wurden. Beispielsweise würde eine nach links verschobene Kamera denselben Weltpunkt so sehen, als ob er nach rechts verschoben wäre:

$$\text{wp}_{BKS'} = \mathbf{B} \cdot \text{wp}_{BKS}. \tag{2.25}$$

Dabei ist BKS' das relativ zur Bewegungstransformation mittransformierte BKS (BKS' = $\mathbf{P_{neu}} \cdot \mathbf{P_{cal}}^{-1}$). Die Matrix $\mathbf{B}$ ist die Transformationsvorschrift, die Weltpunkte bezüglich des BKS in Weltpunkte bezüglich BKS' abbildet. Sie berechnet sich zu

$$B = P_{cal} \cdot P_{neu}{}^{-1}$$

Abbildung 2.9 verdeutlicht die geometrischen Zusammenhänge:

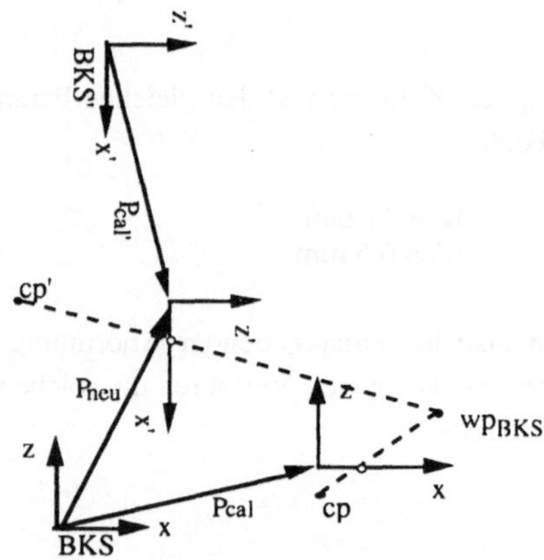

Abbildung 2.9 Abbildung eines Weltpunktes in ein transformiertes Kamerakoordinatensystem

Mit der Formel $\text{cp}_{IKKS} = I_W (\mathbf{A} \cdot \text{wp}_{BKS})$ (vgl. Gleichung (2.3)) läßt sich aus einem gegebenen Weltpunkt wp_{BKS} der zugehörige Kamerapunkt cp_{IKKS} berechnen. Für einen transformierten Kamerakoordinatenursprung ergibt sich durch Einsetzen von Gleichung (2.25) als Kamerapunkt cp'_{IKKS} für denselben Weltpunkt:

$$\text{cp'}_{IKKS} = I_W (\mathbf{A} \cdot (\mathbf{B} \cdot \text{wp}_{BKS})) \tag{2.26}$$

Weltkoordinaten, die durch Lösung des Gleichungssystems (2.14) berechnet wurden, beziehen sich, wenn beide Kameras derselben Bewegungstransformation unterzogen wurden, auf das Bezugssystem BKS'. Aus Gleichung (2.25) ergibt sich direkt:

$$\mathbf{B}^{-1} \cdot \text{wp}_{BKS'} = \text{wp}_{BKS}. \tag{2.27}$$

3 Entfernungsmessende Verfahren

In diesem Kapitel werden verschiedene, dem Meßprinzip der aktiven Stereometrie verwandte Verfahren zur Entfernungsmessung, sowie die aktive Stereometrie selber vorgestellt. Dazu wird zunächst eine Klassifizierung eingeführt, die der Einordnung der vorgestellten Verfahren dient.

3.1 Klassifizierung

Generell können folgende Merkmale bei entfernungsmessenden Verfahren unterschieden werden [Jarvis 83]:

- direkt / indirekt
- aktiv / passiv
- monokular / binokular / polynokular

Bei direkten Verfahren liefert das Ergebnis einer Messung direkt ein Äquivalent für die Entfernung. Indirekte Verfahren verwenden geometrische Beziehungen, um aus einem monokularen Bild Entfernungsinformationen oder Oberflächenorientierungen zu interpretieren. ([Nitzan 88])

Aktive Verfahren verwenden strukturierte Energiequellen, um unter Verwendung der geometrischen Information der Energiequelle geometrische Informationen aus der Szene zu extrahieren [Ballard 82]. Bei passiven Verfahren können sowohl künstliche Energiequellen, wie beispielsweise Leuchtstoffröhren, als auch natürliche Energiequellen, wie beispielsweise Tageslicht, verwendet werden.
Aktive Verfahren haben das prinzipbedingte Problem, daß die ausgesendete Energie in der Szene absorbiert werden kann. In solchen Fällen entstehen im Meßergebnis Datenlücken. Im anderen Extremfall wird die Energie so reflektiert, daß sie nicht mehr zum Empfänger zurückkehrt bzw. durch Mehrfachreflexionen zwar zurückkehrt aber dadurch falsche Meßergebnisse entstehen.
Passive Verfahren haben das Problem, daß nur Punkte, die sich von ihrer Umgebung abheben, z.B. Kanten von Objekten, betrachtet werden können. Das heißt z.B., daß Punkte von unstrukturierten Oberflächen nur durch Interpolation umliegender, gemessener Punkte bestimmt werden können. Der Arbeitsraum beschränkt sich bei aktiven Verfahren auf die Reichweite der Energiequelle, also meist auf Innenräume. Daher haben passive Verfahren generell einen größeren Anwendungsbereich.

Monokulare Verfahren arbeiten mit einem einzigen Meßstandpunkt. Alle Verfahren, die mit mehreren Meßstandpunkten arbeiten, haben das potentielle Problem der Überdeckung (s. Kap. 3.3.3). Weiterhin müssen alle nicht monokularen, passiven Verfahren die Korrespondenz der Messungen der unterschiedlichen Meßstandpunkte bestimmen.

Bei Verfahren, die für die Erfassung einer Szene mehr als eine Messung durchführen müssen, ist i.a. keine Bewegung in der Szene erlaubt (außer bei Verfahren, die eben diese Bewegung ausnutzen).

Im folgenden sollen beispielhaft die Arbeitsweisen einzelner entfernungsmessender Verfahren beschrieben werden, die vom Arbeitsprinzip her den in dieser Arbeit vorgestellten Verfahren verwandt sind. Die Kenntnis dieser Verfahren dient dem Vergleich bzw. dem Verständnis der Arbeitsweise der aktiven Stereometrie. Die ausgewählten Verfahren sind:

Aktive Verfahren:

- Punktbeleuchtung,
- Streifenbeleuchtung,
- Binärkodierte Streifenbeleuchtung,
- Farbkodierte Streifenbeleuchtung.

Passive Verfahren:

- Stereo.

Diese Verfahren sind alle berührungslos und die Berechnung der Entfernungsinformation beruht auf der Triangulation. Weitere Verfahren werden z.B. in [Jarvis 83], [Nitzan 88] und [Ottink 89] in zusammenfassender Weise vorgestellt.

3.2 Aktive Verfahren

3.2.1 Punktbeleuchtung

Beim Punktbeleuchtungsverfahren (*triangulation*) kann über die Ablenkung eines von einem Objekt reflektierten Lichtstrahls auf den Abstand des Objektes geschlossen werden. Als Energiequelle wird ein Laserlichtstrahl eingesetzt. Der reflektierte Lichtstrahl wird über eine Abbildungsoptik auf den Bildaufnehmer projiziert. Als Sensor wird üblicherweise eine Kamera eingesetzt. Das Meßprinzip für den ebenen Fall zeigt Abb. 3.1.

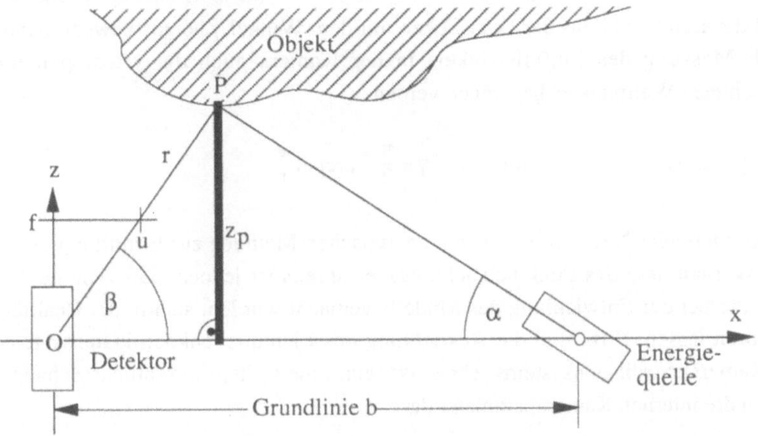

Abbildung 3.1: Prinzipieller Aufbau eines entfernungsmessenden Sensors nach dem Punktbeleuchtungs-
prinzip

Der Ursprung O des Kamerakoordinatensystems wird im Brennpunkt der Kamera
gewählt, die z-Achse liegt parallel zur optischen Achse und die x-Achse wird parallel
zur Bildzeile v = 0 gewählt. Die Energiequelle ist im Abstand b auf der x-Achse angeordnet. Der Winkel α und der Abstand b müssen bekannt sein, der Winkel β wird mit
Hilfe einer Kamera ermittelt, wobei ein einfaches Lochkameramodell zugrunde gelegt
wird.

$$\beta = \frac{\pi}{2} - \arctan \frac{u}{f}$$

Die Berechnung der Entfernung z_p beruht auf der Triangulation im Dreieck Detektor-
Energiequelle-Weltpunkt. Aus den Vorgaben läßt sich der Abstand $r = \overline{OP}$ bezüglich
des Kameraursprungs O berechnen.

$$r = \frac{b \cdot \sin \alpha}{\sin(180° - (\alpha + \beta))} = -\frac{b \cdot \sin \alpha}{\sin(\alpha + \beta)} \tag{3.1}$$

Die Lage des Punktes P läßt sich bezüglich des Kamerakoordinatensystems durch
Polarkoordinaten (r, β) beschreiben. Die Umwandlung in kartesische Koordinaten
bezüglich der (x,z)-Ebene ist durch folgende Gleichungen gegeben:

$$\begin{aligned} x &= r \cdot \cos \beta \\ z &= z_p = r \cdot \sin \beta \end{aligned} \tag{3.2}$$

Wird der Lichtstrahl aus der (x,z)-Ebene mit dem Winkel γ heraus bewegt, dann kann durch Messung des Einfallswinkels in der Kamera auch die y-Komponente des beleuchteten Weltpunktes berechnet werden.

$$y = r \cdot \sin \gamma \qquad \text{mit} \qquad \gamma = \frac{\pi}{2} - \arctan \frac{v}{f} \tag{3.3}$$

Ein gravierender Nachteil dieser rein analytischen Methode zur Ermittlung der Abbildungsverhältnisse des Punktbeleuchtungsverfahrens ist jedoch, daß viele der Annahmen, die bei der Entwicklung des Modells gemacht wurden, sich in der Realität nicht einhalten lassen. Z.B. muß die Ausrichtung des Lichtquellenkoordinatensystems und des Kamerakoordinatensystems sehr exakt sein. Eine weitere wesentliche Schwierigkeit stellen die internen Kameraparameter dar:

- Die Brennweite der Kamera ist im allgemeinen nicht genau bekannt, sondern hängt von der Einstellung (Blende, Schärfe) der Kamera ab.
- Die optische Achse steht im allgemeinen nicht genau senkrecht auf der Bildebene und schneidet diese auch nicht exakt im Zentrum.
- Die Bildpunktkoordinaten werden als Pixelposition geliefert und müssen in Millimeter umgerechnet werden (abhängig vom Projektionszentrum und den Abmessungen der Sensorfläche).

Bei den heutigen Baugrößen der CCD-Kameras liefern all diese Abweichungen einen erheblichen, zumindest bei Anwendungen innerhalb der Robotik nicht vernachlässigbaren Einfluß auf das Berechnungsergebnis. Problematisch ist weiterhin, daß der Bezug der Kamerakoordinaten zu einem externen Koordinatensystem nicht so einfach hergestellt werden kann (Problem der absoluten Orientierung [Slama 80, Horn 86]). Ein weiterer Nachteil des Punktbeleuchtungsprinzips besteht darin, daß es Regionen innerhalb der Szene geben kann, in denen keine Entfernungen gemessen werden können. Es entstehen Datenlücken durch Überdeckungen, in diesem Fall durch den sogenannten Schatteneffekt. Abb. 3.3 verdeutlicht diesen Sachverhalt.

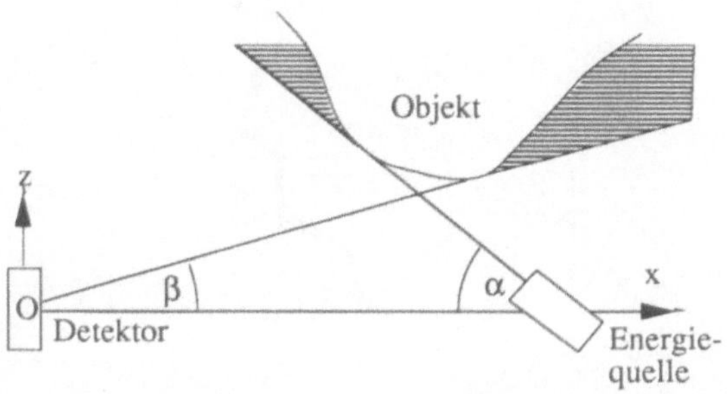

Abbildung 3.2: Probleme beim Punktbeleuchtungsverfahren (Schatteneffekt)

Innerhalb der schraffierten Regionen ist eine Entfernungsmessung nicht möglich, da entweder der Laserpunkt nicht auf das Objekt trifft oder das Objekt außerhalb des Sichtbereiches des Detektors liegt.

Die Punktbeleuchtung ist ein direktes, aktives und binokulares Verfahren. Der erreichbare Meßbereich bewegt sich je nach Abbildungsoptik im Bereich von wenigen Millimetern bis zu vielen Metern. Je weiter Sensor und Lichtquelle auseinander liegen, um so genauer werden die Meßergebnisse, um so größer werden aber auch die Probleme durch Überdeckungen. Ebenso steigt die Meßgenauigkeit, wenn sich das Meßobjekt näher an der Kamera befindet.

In [Hirzinger 91] wird ein Punktbeleuchtungssensor zum Einsatz in der Robotik beschrieben, der bei einem Basisabstand von 10 mm im Arbeitsbereich von 0...30 mm mit einer Meßgenauigkeit vom 0,1% des Meßwertes und bei einem Basisabstand von 25 mm in einem Arbeitsbereich von 30...500 mm mit einer Meßgenauigkeit von 3% des Meßwertes Entfernungsdaten liefert. Die Auswertungszeit für einen einzelnen Punkt liegt im Bereich von 10 μsec. Angaben über die Vermessung ganzer Szenen werden nicht gemacht.

3.2.2 Streifenbeleuchtung

Beim Verfahren der Streifenbeleuchtung (*light striping*) wird eine Ebene (siehe Abb. 3.4) der benutzten Lichtquelle auf die zu betrachtende Szene projiziert, wodurch ein Lichtstreifen in ihr erscheint. Um solche Lichtebenen zu produzieren, können Laserlicht und zylindrische Linsen, aber auch einfache Diaprojektoren mit einer Schlitzmaske verwendet werden.

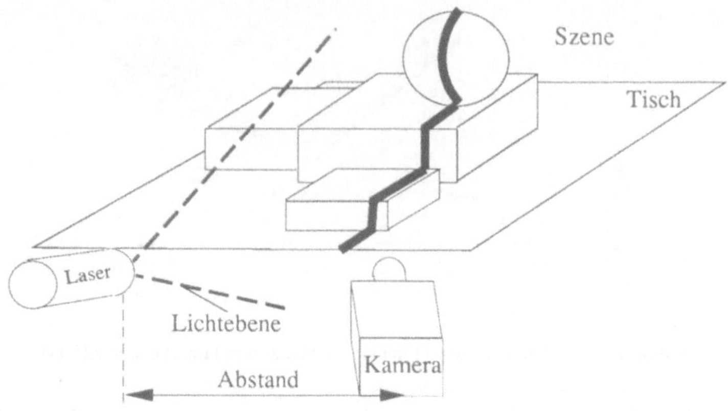

Abbildung 3.3: Streifenbeleuchtung (nach [Jarvis 83])

Befindet sich eine Kamera außerhalb der Lichtebene, so weist das in die Kameraebene projizierte Bild des Lichtstreifens eine horizontale Verschiebung auf, die proportional zur Entfernung ist. Eine Diskontinuität der den Verlauf des Lichtstreifens beschreibenden Funktion weist auf Objektkanten hin, während Sprungstellen bei einem physikalischen Zwischenraum auftreten.

Die Berechnung der Entfernung zu einem Punkt des Lichtstreifens wird anhand des Schnittpunktes seiner Sichtlinie mit der Lichtebene vorgenommen, wobei die Lage und Orientierung der Lichtebene als bekannt vorausgesetzt werden. Prinzipiell entspricht die Berechnung eines einzelnen betrachteten Punktes der bei der Punktbeleuchtung.

Unter der Restriktion, daß die y-Achsen von Kamerakoordinatensystem und Energiequellenkoordinatensystem parallel verlaufen, vereinfacht sich die Berechnung, da die Entfernung dann wie bei der Punktbeleuchtung unabhängig vom Winkel γ berechnet werden kann.

Da es aus physikalischen Gründen nicht möglich ist, eine ideal dünne Lichtebene zu erzeugen, wird sich insbesondere an geneigten Oberflächen der Lichtstreifen im Kamerabild horizontal über mehrere Pixel erstrecken. Bei bekannter Verteilungsfunktion der Intensität der Lichtebene über dem Ort kann dies zur subpixelgenauen Betrachtung herangezogen werden.

Die Streifenbeleuchtung ist eine Erweiterung der Punktbeleuchtung, in der gleichzeitig mehrere Meßpunkte aufgenommen werden. Es gilt das bei der Punktbeleuchtung Gesagte über die Optimierung des Abstandes von Kamera, Lichtquelle und Objekten. Wie bei der Punktbeleuchtung sind für die Betrachtung einer ganzen Szene mehrere

Messungen nötig. Dabei müssen bei der Streifenbeleuchtung gegenüber der Punktbeleuchtung weniger Messungen vorgenommen werden. Ein Problem bei der Streifenbeleuchtung ist, daß parallel oder nahezu parallel zur Lichtebene liegende Oberflächen
nicht oder nur in sehr großen Abständen erfaßt werden. Um dieses Problem zu vermeiden, kann wie in Abbildung 3.5 mit zwei aufeinander senkrecht stehenden Lichtebenen
gearbeitet werden [Pritschow 91].

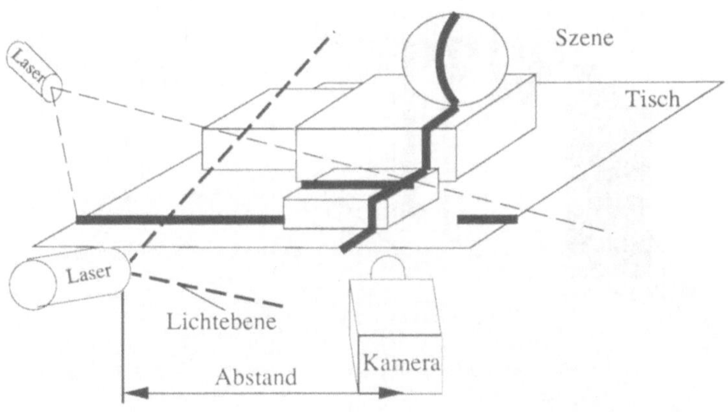

Abbildung 3.4: Streifenbeleuchtung mit senkrecht aufeinander stehenden Lichtebenen

In [Osamu 86] wird ein Streifenbeleuchtungssensor beschrieben, der im Arbeitsbereich
von 550...1000 mm mit einer Meßgenauigkeit von besser als ±15 mm Entfernungsbilder mit einer Auflösung von 48×50 Punkten liefert. Die Auswertungszeit für eine
Szene beträgt 490 msec.

Beim Übergang von der Punktbeleuchtung zur Streifenbeleuchtung ist die Ausdehnung
der strukturierten Energie um eine Dimension erweitert worden. Prinzipiell wäre es
möglich, um eine Ausdehnung um eine weitere Dimension zu erreichen, mehrere
parallele Lichtebenen bzw. ein Gittermuster in die Szene zu projizieren [Echigo 85].
Das Problem dabei ist, daß die Eindeutigkeit der Zuordnung nicht mehr gewährleistet
ist. Wie im Kapitel 3.3.3 gezeigt werden wird, kann unter bestimmten Umständen die
Abbildungsreihenfolge der Streifen vertauscht werden. Daher ist es notwendig, die
Streifen zu kodieren, damit eine Identifikation möglich ist. Im folgenden werden zwei
Verfahren vorgestellt, die eine Kodierung verwenden.

3.2.3   Binärkodierte Streifenbeleuchtung

Bei der binärkodierten Streifenbeleuchtung [Altschuler 79, Yang 84, Gutsche91] werden mehrere Lichtebenen auf die Szene projiziert. Zur Unterscheidung der einzelnen

Lichtebenen werden zeitlich nacheinander verschiedene binäre Muster verwendet, die
für jede Ebene eine eindeutige Kodierung ergeben. Das Prinzip der Kodierung zeigt
Abb. 3.5.

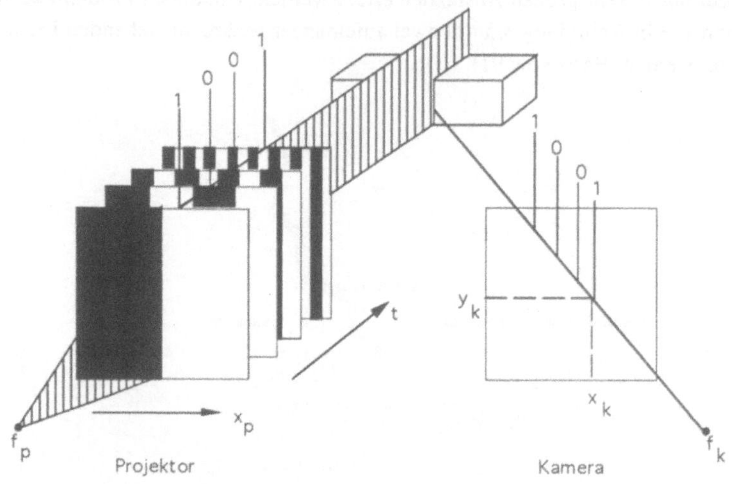

Abbildung 3.5: Prinzip der Binärkodierung (nach [Wahl 90])

Die Aufgabe der Kamera ist es, zwischen beleuchteten und nicht beleuchteten Bereichen in der Szene zu unterscheiden. Die zeitliche Reihenfolge dieser Zustände führt für
einen betrachteten Punkt zu einem Kodewort, das die Zugehörigkeit zu einem Lichtstreifen beschreibt.

Wird eine Sequenz von n Streifenmustern auf die Szene projiziert, so können 2^n Lichtebenen unterschieden werden. Die Berechnung der Entfernung wird für einen kodierten
Lichtstreifen wie bei der Streifenbeleuchtung, also nach dem Triangulationsprinzip,
vorgenommen. Daher muß die Orientierung der einzelnen kodierten Lichtebenen
bekannt sein. Gegenüber Streifenbeleuchtung werden allerdings für die gleiche Anzahl
von Meßpunkten wesentlich weniger Aufnahmen ($\log_2 n$) benötigt. Die binärkodierte
Streifenbeleuchtung ist also eine Erweiterung der Streifenbeleuchtung, in der in mehreren Aufnahmen nacheinander gleichzeitig mehrere Lichtebenen aufgenommen werden.
Die Anzahl der berechenbaren Punkte wird allerdings dadurch reduziert, daß jeder der
2^n unterscheidbaren Beleuchtungsstreifen eine physikalische Breite haben muß und nur
die Ränder dieser Streifen genau betrachtet werden können.

Zur Erzeugung der Lichtstreifen wird ein steuerbares, transparentes Flüssigkristall-
element in einem konventionellen Diaprojektor verwendet. Kurz vor der kodierten
Beleuchtung wird je eine Aufnahme im voll beleuchteten und eine im unbeleuchteten

Zustand gemacht. Die Ergebnisse dieser (Test-)Messungen dienen der Unterscheidung zwischen beleuchtetem und unbeleuchtetem Zustand von Bildteilen. Dadurch wird erreicht, daß die Meßergebnisse unabhängig von der Umgebungsbeleuchtung und von unterschiedlichen Reflexionseigenschaften der Szenenobjekte werden. Außerdem können an Hand dieser Testmessungen verschattete Bereiche erkannt werden.

Für die einfachere Berechnung der Entfernungsdaten wird ein Aufbau gewählt, in dem die y-Achsen von Projektor bzw. Kamerakoordinatensystem parallel liegen. Dadurch wird erreicht, daß die Entfernung nur von den beiden Variablen x_p und x_k abhängig ist (= unabhängig von y_k).

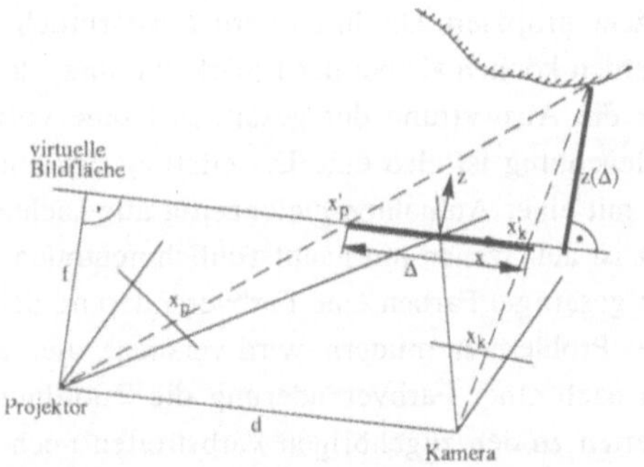

Abbildung 3.6 Definition des virtuellen Koordinatensystems

Zur effizienteren Berechnung der Entfernungen durch Hardwareunterstützung wird ein „virtuelles Koordinatensystem" eingeführt. Der Ursprung dieses Koordinatensystems wird wie in Abbildung 3.6 in den Schnittpunkt von Kamerasichtfeld und Projektorsichtfeld gelegt. Die x-Achse wird parallel zur Verbindungslinie d zwischen den Fokuspunkten der optischen Systeme gewählt. Seien x_k' bzw. x_p' die Schnittpunkte der Betrachtungsrichtung x_k bzw. der Beleuchtungsrichtung x_p mit der durch dieses Koordinatensystem definierten virtuellen Bildfläche, dann hängt die Entfernung nur noch von der Disparität $\Delta = x_k' - x_p'$ ab:

$$z(\Delta) = \left(\frac{d}{d-\Delta} - 1 \right) \cdot f \qquad (3.4)$$

wobei f der Abstand der x-Achse von der Verbindungslinie b ist. Die Abbildung der Koordinaten in das virtuelle Koordinatensystem kann in besonders schneller Weise über Tabellen erfolgen. Die Tabellen können während der Kalibrierungsphase berechnet werden. Eine subpixelgenaue Betrachtung wird durch die Interpolation zwischen zwei Tabellenwerten ermöglicht.

In [Stahs 90] wird ein binärcodierter Streifenbeleuchtungssensor zum Einsatz in der Robotik beschrieben, der mit einer Meßgenauigkeit von besser als 1% des kalibrierten Arbeitsbereiches Entfernungsbilder in weniger als 2 Sekunden liefert. Dabei werden 127 unterscheidbare Streifen in der Szene erzeugt. Es werden keine Aussagen über die Anzahl der tatsächlich berechneten Entfernungen gemacht.

3.2.4 Farbkodierte Streifenbeleuchtung

Bei der farbkodierten Streifenbeleuchtung [Boyer 87, Plaßmann 91, Monks 92] werden unterschiedliche Farben zur Unterscheidung der Lichtebenen, die gleichzeitig auf die Szene projiziert werden, verwendet. Dazu wird ein Farbstreifenmuster von einem Projektor auf die Szene projiziert. Da durch Farben wesentlich mehr unterscheidbare Zustände kodiert werden können als bei der Binärkodierung, ist es möglich, mit einer einzigen Aufnahme die Auswertung der gesamten Szene vorzunehmen. Die farbkodierte Streifenbeleuchtung ist also eine Erweiterung der binärkodierten Streifenbeleuchtung, in der mit einer Aufnahme gleichzeitig alle Lichtebenen aufgenommen werden. Der Einsatz ist auf Szenen mit hauptsächlich neutralen Farben (Pastelltönen) beschränkt, da stark gesättigte Farben eine Farbveränderung der projizierten Streifen bewirken. Um dieses Problem zu mildern, wird versucht, die Farbstreifenfolge so zu kodieren, daß auch nach einer Farbveränderung die Zuordnung einer Anzahl von gemessenen Farbwerten zu den zugehörigen Farbstreifen noch möglich ist. Das zur Projektion verwendete Farbmuster besteht aus voneinander getrennten Streifen mit den drei Grundfarben Rot, Grün und Blau. Die Reihenfolge der Farbstreifen wird so gewählt, daß für einen gegebenen Bildausschnitt einer bestimmten Mindestbreite durch Korrespondenzsuchverfahren eine möglichst gute Identifizierbarkeit erreicht wird. Durch die örtliche Diskretisierung der Farbstreifen können nicht alle Punkte einer Szene vermessen werden, da ein Farbstreifen eine Mindestbreite haben muß, damit er im Bild noch erkennbar ist.

Abbildung 3.8 zeigt den prinzipiellen Aufbau, den Boyer und Kak verwenden, um eine Entfernungskarte einer Szene zu erstellen. Die Szene wird mit einem Farbmuster von einem Diaprojektor beleuchtet. Das Diabild besteht aus einer Folge von vertikal angeordneten farbigen Streifen, die durch schwarze oder weiße Zwischenräume getrennt sein können. Das gesamte Muster des Dias wird aus verschiedenen unterscheidbaren Teilmustern (Farbkodes) zusammengesetzt. Insgesamt werden N Streifen auf die Szene projiziert, um bis zu N Szenenpunkte pro Rasterzeile zu messen.

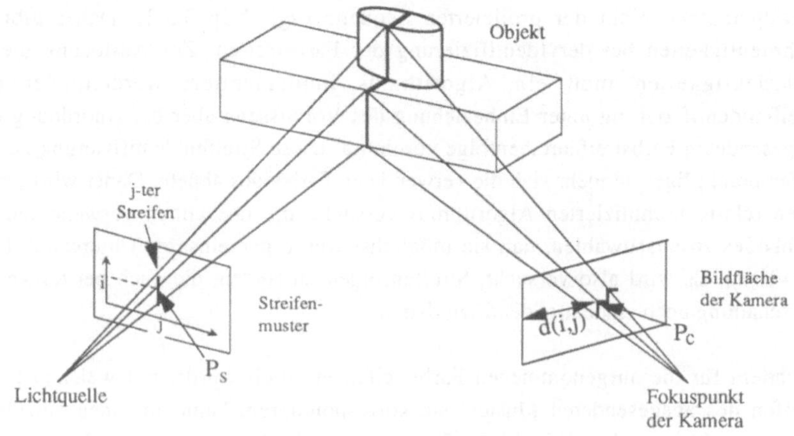

Abbildung 3.7 Farbkodierte Streifenbeleuchtung

Bei der Auswahl eines Farbmusters, das auf die Szene projiziert werden soll, sind folgende Faktoren zu berücksichtigen:

- Gesamtzahl der projizierten Streifen
- Anzahl der Streifen pro Teilmuster
- Anzahl der Farbkodes
- Anzahl der Farben

Um eine möglichst eindeutige Identifizierung der Farbstreifen zu erhalten, werden keine Farbsequenzen gewählt, in denen benachbarte Streifen dieselbe Grundfarbe aufweisen. Diese Restriktion führt eine Mindestlänge der Farbkodes mit sich und schränkt die Reihenfolge ein, mit der sie aneinandergereiht werden können. Sei γ die Anzahl der verwendeten Farben und M die Anzahl der Streifen jedes Teilmusters, so ergibt sich für die Zahl Γ_0 der möglichen Kodierungen zu

$$\Gamma_0(M,\gamma) = \gamma \cdot (\gamma - 1)^{M-1}. \tag{3.5}$$

Beim Aufbau jedes Farbkodes unter Berücksichtigung der oben genannten Restriktion gibt es γ Möglichkeiten für die Farbwahl des ersten Streifens und $\gamma - 1$ für die restlichen $\Gamma_0 - 1$ Farbstreifen. Um das System möglichst störunempfindlich zu gestalten, verwenden Boyer und Kak die drei Grundfarben rot, grün und blau und benutzen Farbkodes, die aus jeweils 6 Streifen bestehen. Die Szene soll mit mindestens 512 Streifen beleuchtet werden. Aus Gleichung (3.5) ergibt sich für $\Gamma_0 = 972$, d.h., es gibt 972 verschiedene Farbkodes, von denen aber nur 86 benötigt werden. Die Reihenfolge, mit der die von der Szene reflektierten Farbstreifen im Kamerabild erscheinen, entspricht im allgemeinen nicht der projizierten Sequenz (vgl. Kap 3.3.2). Daher gibt es Mehrdeutigkeiten bei der Identifizierung der Farbstreifen. Zur Auflösung dieser Mehrdeutigkeiten muß ein Algorithmus implementiert werden, der die Streifenidentifizierung unter Einbeziehung des Vorwissens über die Anordnung der ausgesendeten Farbstreifenreihenfolge vornimmt. Diese Streifenidentifizierung ist um so fehleranfälliger, je mehr sich die verwendeten Farbcodes ähneln. Daher wird durch einen relativ komplizierten Algorithmus versucht, die tatsächlich verwendeten 86 Farbkodes so auszuwählen, daß sie möglichst wenig gemeinsame Untercodefolgen aufweisen. Es wird also versucht, Streifenfolgen zu finden, die auch bei teilweiser Verschattung noch eindeutig identifizierbar sind.

Nachdem für die aufgenommenen Farbstreifen ermittelt wurde, mit welchen Farbstreifen des ausgesendeten Musters sie korrespondieren, kann für einen einzelnen Kamerapunkt nach dem Prinzip der Triangulation die Entfernung zum Szenenpunkt berechnet werden.

Boyer und Kak benutzen für ihre Experimente einen Diaprojektor, mit dem die auszumessende Szene beleuchtet wird. Um die drei Farbauszüge zu erhalten, erfolgen zeitlich nacheinander drei Aufnahmen mit einer S/W-CCD-Kamera mit vorgehaltenen Farbfiltern. Das Dia mit der Farbkodierung wurde von einem Farbmonitor mit einer Auflösung von 1024×1024 Bildpunkten abphotographiert. Jeder Farbstreifen hat eine Breite von drei Pixeln auf dem Monitor, da die Auflösung des verwendeten Farbdiafilms nicht groß genug ist, um kleinere Streifen in guter Qualität abzubilden. Damit reduziert sich die maximale Anzahl von Streifen auf 341.

Die aufgenommenen Farbauszüge werden zunächst einer Bildvorverarbeitung unterzogen. Dazu gehört eine Bandpaßfilterung zur Rauschunterdrückung und eine zeilenweise Intensitätsmaximierung, um den gesamten Intensitätsbereich [0...255] auszunutzen. Anschließend wird für jedes einzelne Pixel die Farbe bestimmt. Dies geschieht mit Hilfe eines Algorithmus, der unter Verwendung experimentell ermittelter Schwellwerte bestimmt, ob es sich um ein rotes, grünes oder blaues Pixel handelt. Bei Unterschreitung aller Schwellwerte wird dem Pixel der Wert „undefiniert" zugeordnet. Ansonsten wird dem Pixel die Farbe des Farbauszuges zugeordnet, in dem es mit der größten Intensität vertreten ist.

In [Plaßmann 91] wird ein farbkodierter Streifenbeleuchtungssensor beschrieben, der im Arbeitsbereich von 0...200 mm mit einer Meßgenauigkeit von besser als ±0.5 mm Entfernungsbilder liefert. Dabei werden 50 unterscheidbare Streifen in der Szene erzeugt. Über die Auswertungszeit für eine Szene und die Anzahl der berechneten Entfernungen werden keine Aussagen gemacht.

3.3 Passive Stereoanalyse

Die Entfernungsberechnung aller später vorgestellten Verfahren nach dem Prinzip der aktiven Stereometrie beruht auf dem Prinzip der passiven Stereometrie. Daher wird in diesem Kapitel auf Theorie und Praxis der passiven Stereoanalyse eingegangen. Es gibt in der Literatur eine derartig große Anzahl von Stereoalgorithmen, daß an dieser Stelle darauf verzichtet werden muß, einen vollständigen Überblick über die existierenden Stereoalgorithmen zu geben. Stattdessen wird ein ausführlicher Einblick in die prinzipiellen Lösungsansätze, Vorteile und Probleme gegeben.

Das Problem, das im folgenden behandelt wird, läßt sich wie folgt formalisieren ([Pavlidis 86]):
Gegeben sei eine zweidimensionale Matrix $F(i,j)$ (ein Bild). Suche eine möglichst komplette Beschreibung der dreidimensionalen Oberflächen, die die Matrix repräsentiert. Dieses Problem wird Bildanalyse (*image analysis*) genannt. Liegt eine Menge von Matrizen $F_n(i,j)$ mit $n = 1...N$ vor, spricht man von Multiframe-Bildanalyse. Der häufigste Fall ist $N = 2$, die Stereoanalyse.

Ein Bild ist eine zweidimensionale Abbildung einer dreidimensionalen Szene. Bei dieser Abbildung geht die Tiefeninformation verloren. Durch ein zweites Bild von einem anderen Standort kann diese Tiefeninformation wieder bestimmt werden. Vom Prinzip her arbeitet die Stereoanalyse nach dem Triangulationsprinzip, wie es bei der Punktbeleuchtung vorgestellt worden ist. Allerdings werden hier beide Winkel α und β mit Hilfe der Kameras gemessen.

Stereo-Analyseverfahren arbeiten mit zwei von verschiedenen Positionen aufgenommenen Bildern derselben Szene. Die Bilder werden entweder gleichzeitig von zwei Kameras (*displacement stereo*) oder von einer Kamera, die bewegt wird, nacheinander (*temporal stereo*) aufgenommen. In letzterem Fall ist keine Bewegung in der betrachteten Szene erlaubt. Im allgemeinsten Fall können sich sowohl die Objekte als auch die Kamera(s) bewegen, wenn die Geschwindigkeitsvektoren bekannt sind. Die Schwierigkeit bei der Entfernungsmessung mit und ohne Bewegung besteht darin, die Korrespondenz zweier Bildpunkte in den Bildern festzustellen. Kann ein Bildpunkt eines Objekts gefunden werden, der in beiden Bilder sichtbar ist, so kann bei bekannten Abbildungsfunktionen der Kameras aus den unterschiedlichen Bildkoordinaten des Punktes seine Lage im Raum berechnet werden.

3.3.1 Phaseneinteilung der Verfahren

Verfahren zur Entfernungsmessung nach dem Prinzip der Stereometrie lassen sich in folgende Phasen aufspalten:

1. Kamerakalibrierung

   Die Kamerakalibrierung muß nur dann wiederholt werden, wenn eine Änderung am Kameraaufbau vorgenommen wurde.

2. Bildaufnahme

3. Bildvorverarbeitung

   Durch die Bildvorverarbeitung können unerwünschte Nebeneffekte wie z.B. Rauschen eliminiert werden. Zu beachten ist, daß in der Regel mit der Bildvorverarbeitung ein Datenverlust einhergeht, der Auswirkungen auf die Qualität der Messung haben kann.

4. Primitivaextraktion

   Ziel der Primitivaextraktion ist die Reduktion der zu betrachtenden Datenmenge. Die Primitivaextraktion wird in der Regel in den beiden Bildern getrennt vorgenommen.

   Verschiedene Primitiva wurden bereits verwendet, wie z.B. ([Yeon 85]):

   - Ecken (*corners*),
   - durch einen Operator ausgesuchte, besonders interessierende Punkte
   - Kanten (*edges*)
   - Kantensegmente (*edge segments*)
   - Segmente (*segments*)
   - Regionen (*regions*)
   - Nulldurchgänge der zweiten Grauwert-Ableitung (*zero crossings*)
   - ...

   Die Genauigkeit, mit der die Bildschirmkoordinaten von Primitiva festgestellt werden können, hat entscheidenden Einfluß auf die Genauigkeit der Entfernungsberechnung.

5. Korrespondenzsuche (*matching*)

   Die Korrespondenzsuche stellt das eigentliche Problem des maschinellen Stereosehens dar. Ihre Aufgabe ist es, für ein gewähltes Primitivum des einen Bildes festzustellen, welches Primitivum des anderen Bildes dieselben Objektpunkte abbildet. Dazu wird ein Maß für die Ähnlichkeit zweier Primitiva berechnet, anhand dessen z.B. in Form einer Wahrscheinlichkeit entschieden werden kann, ob die verglichenen Primitiva zugeordnet werden dürfen. In dieses Ähnlichkeitsmaß können kontextuelle Informationen, wie z.B. die Neigung einer Kante gegenüber der Epipolarlinie, einfließen. Ergebnis der

Korrespondenzsuche ist eine Liste von Primitivapaaren und deren jeweiligen Bildkoordinaten.

6. Berechnung der Entfernungskarte

Das Ergebnis der Korrespondenzsuche wird in Form einer Entfernungskarte abgespeichert. Dies ist z.B. ein Grauwertbild, in dem für einen der beiden Kamerastandorte an den Bildkoordinaten der zugeordneten Primitiva ein kodiertes Äquivalent für die Entfernung eingetragen wird. Beispielsweise wird beim achsenparallelen Aufbau die Disparität eingetragen. Da die Korrespondenzsuche nur für die extrahierten Primitiva Zuordnungen findet, werden i.a. große Teile der Entfernungskarte leer bleiben. Für diese Teile muß durch Interpolation der umliegenden, gemessenen Werte eine Entfernung berechnet werden. Die Interpolation muß so beschränkt werden, daß nur kleine, lokale Meßlücken aufgefüllt werden.

7. Ergebnisdarstellung / Ergebnisauswertung

Entfernungskarten sind für den menschlichen Betrachter schwer zu interpretieren. Die Ergebnisdarstellung soll eine Beurteilung der Güte und der Vollständigkeit der Messung ermöglichen.

Die Auswertung der Entfernungskarten in weiteren Bearbeitungsschritten, wie z.B. für die Objektidentifizierung und Lageermittlung, ist ein gesondertes Forschungsgebiet und soll hier nicht weiter betrachtet werden.

Dieses Schema wird von der überwiegenden Mehrheit der Verfahren verwendet. Es gibt allerdings Verfahren, die bei einzelnen Schritten von diesem Schema abweichen. Beim konturbasierten Stereo (*aggregate stereo* [Aloimonos 89], *stereo without correspondences* [Kanatani 90]) wird z.B. auf die Suche nach Punkt-zu-Punkt–Korrespondenzen verzichtet.

3.3.2 Korrespondenzsuche

Algorithmen zur Korrespondenzsuche lassen sich in folgende Bearbeitungsschritte auftrennen, die voneinander getrennt optimiert werden können :

1. Auswahl der sinnvollen Korrespondenzkandidaten für jedes extrahierte Primitivum. Dabei werden Annahmen und Einschränkungen (siehe Kapitel 3.3.2) dazu verwendet, den Suchraum für Korrespondenzen einzuschränken bzw. eine Vorauswahl der Korrespondenzkandidaten vorzunehmen. Üblicherweise wird durch diesen Schritt eine enorme Reduktion der zu verarbeitenden Datenmenge erreicht.

2. Bewertung der gefundenen, sinnvollen Korrespondenzpaare durch ein Ähnlichkeitsmaß ggf. unter Berücksichtigung kontextueller Information.

3. Auswahl der Paare, so daß sich über die gesamte Bildfläche eine eindeutige, konsistente Zuordnung ergibt. Dieser Schritt dient der Eliminierung von Mehrdeutigkeiten und beruht ebenfalls auf der Anwendung von Annahmen und Einschränkungen.

Stereoanalysealgorithmen unterscheiden sich durch die Art der betrachteten Primitiva, durch die Art der bei der Korrespondenzsuche zusätzlich verwendeten kontextuellen Informationen und durch die Art der zur Eliminierung von Mehrdeutigkeiten verwendeten Annahmen und Einschränkungen. Zusammenfassend kann gesagt werden, daß es keinen Algorithmus gibt (und geben kann), der allgemeingültig ist und an alle möglichen Szenenkonfigurationen angepaßt werden kann. Vielmehr sind alle Algorithmen für spezielle Einsatzgebiete konzipiert. Alle Verfahren sind zwei großen Klassen zuzuordnen:
Intensitätsbasierte Korrespondenzsuche (*area-based stereo matching*) und merkmalsbasierte Korrespondenzsuche (*feature-based stereo matching*).

Bei intensitätsbasierten Techniken werden korrespondierende Punkte auf der Basis von Ähnlichkeiten in der Grauwertverteilung von Punktumgebungen (Fenstern) gefunden. Dazu wird versucht Teilbilder (*templates*) des einen Bildes im anderen Bild so zu plazieren, daß sich eine möglichst große Übereinstimmung ergibt. Das Teilbild wird entlang der Epipolarlinie inkrementell verschoben und an jeder Stelle die Ähnlichkeit bestimmt. Lokale Extrema der Funktion der Ähnlichkeit über der Verschiebung sind die möglichen Korrespondenzorte. Sofern alle möglichen Teilbilder eines Bildes betrachtet werden sollen, entfällt die Primitivaextraktion in den Bildern. Häufig ist es jedoch sinnvoll, die Korrespondenzsuche auf Gebiete besonderen Interesses zu beschränken, z.B. auf Gebiete mit einer signifikanten Änderung des Grauwertverlaufs.

Merkmalsbasierte Techniken verwenden demgegenüber Bildeigenschaften, wie gut zu erkennende Kanten, Ecken, etc. zur Korrespondenzsuche. Vor dem eigentlichen Suchvorgang müssen hier also, in beiden Bildern getrennt, solche Merkmale gefunden werden. Die Zuordnung erfolgt dann anhand bestimmter Eigenschaften der Merkmale wie Länge oder Winkel gegenüber der Bildnormalen. Alle Merkmale eines Bildpunktes, die betrachtet werden, werden zu einem sogenannten Merkmalsvektor zusammengefaßt. Die Auswahl eines Korrespondenzpartners bei Mehrdeutigkeiten der Zuordnungen basiert auf dem Vergleich dieser Merkmalsvektoren. Diese Techniken können nur zum Einsatz kommen, wenn das Bild über eine ausreichende Anzahl gut zuzuordnender Merkmale verfügt.

Als kontextuelle Information zur Bildung eines Merkmalsvektors können z.B. bei der Betrachtung von Kanten benutzt werden (vgl. [Ayache 91]):

- geometrische Informationen wie die Neigung einer Kante gegenüber der Epipolarlinie oder die Länge der Linie
- intensitätsbasierte Informationen wie der Kontrast entlang der Kante oder die Helligkeit der benachbarten Regionen
- strukturbasierte Informationen wie der Kurvenverlauf

In dieser Aufzählung ist angedeutet, daß auch die Möglichkeit besteht, intensitäts- und merkmalsbasierte Techniken zu kombinieren.

Der wesentliche Vorteil von merkmalsorientierten Techniken besteht in ihrer Unempfindlichkeit gegenüber perspektivischen Verzerrungen. Während solche Verzerrungen je nach Stärke den Gebrauch intensitätsbasierter Techniken unter Umständen verbieten, haben sie auf die Entstehung von Merkmalen und deren Eigenschaften (wie z.B. die Orientierung einer Kante) im allgemeinen nur einen geringen Einfluß. Ein weiterer Vorteil der merkmalsorientierten Verfahren besteht in der geringeren Wahrscheinlichkeit von Fehlzuordnungen. Dies liegt zum einen darin begründet, daß es in einem Bild wesentlich weniger Kandidaten für die Zuordnung nach Merkmalen als für die Zuordnung nach Intensitäten gibt, zum anderen können dann keine Zuordnungen nach Merkmalen vorgenommen werden, wenn ein bestimmtes Merkmal nur in einem Bild extrahiert wurde, im anderen jedoch nicht. Schließlich läßt sich die Lage von Merkmalen im Bild mit Hilfe von zum Teil recht einfachen Verfahren mit einer Genauigkeit unterhalb der Pixelgröße der Kamera (Subpixelgenauigkeit) bestimmen, was eine entsprechend höhere Genauigkeit der Entfernungsbestimmung zur Folge hat. Für diese Möglichkeit gibt es keine Entsprechung im intensitätsbasierten Fall.

Prinzipielle Vorteile der intensitätsbasierten gegenüber der merkmalsorientierten Vorgehensweise sind die Unabhängigkeit vom Bildinhalt, d.h. auch in einem Bild ohne besonders hervorstechende Merkmale können Zuordnungen getroffen werden. Unter bestimmten Umständen ist außerdem die benötigte Rechenzeit geringer, da die Merkmalsextraktion z.T. auf komplexen Algorithmen basiert (der eigentliche Zuordnungsprozeß benötigt bei merkmalsorientierten Techniken natürlich weniger Zeit).

Eine der wichtigsten Strategien, die Treffsicherheit der Messungen zu erhöhen, ist, zunächst mit sehr strengen Kriterien für die Zuordnung zu arbeiten. In der weiteren Bearbeitung werden dann Schritt für Schritt die Kriterien gelockert, wobei die Ergebnisse des jeweils vorausgegangenen Schrittes als Hinweise für die weitere Korrespondenzsuche verwendet werden. Eine weitere Methode, die Treffsicherheit der Messungen zu erhöhen, ist, mit unterschiedlichen Systemen zu arbeiten, deren Ergebnisse miteinander verglichen bzw. in Übereinstimmung gebracht werden. Wichtig dabei ist, daß diese unterschiedlichen Systeme auf unterschiedlichen Meßmethoden basieren, um strukturelle Fehler einer einzelnen Methode auszuschließen.

Gegenwärtige Forschungsbemühungen zielen neben der generellen Verbesserung der Leistungsfähigkeit der beiden Methodenklassen darauf ab, Korrespondenzsuche auf sehr aussagekräftigen Merkmalseigenschaften zu basieren, wie beispielsweise die Orientierungen von Oberflächen.

3.3.3   Annahmen und Einschränkungen zur Korrespondenzsuche

Bei der Auswahl und Bewertung von Korrespondenzkandidaten können verschiedene Annahmen und Einschränkungen gemacht werden, die zur Einschränkung des Korrespondenzsuchraums bzw. zur Auflösung von Mehrdeutigkeiten verwendet werden können. Dies sind (vgl. [Koschan 91]):

- Geometrische Einschränkungen aus der Bildentstehung
    - Einschränkungen durch Epipolarlinien (*epipolar constraint*)
    - Geometrische Ähnlichkeit der Merkmale (*geometric similarity constraint*)
    - Eindeutigkeit der Zuordnung (*uniqueness constraint*)

- Einschränkungen durch Ausnutzung von Objekt- und Szeneneigenschaften
    - Verträglichkeit von Merkmalen (*compatibility constraint*)
    - Kontinuität der Disparitäten (*continuity constraint*)
    - das Kohärenzprinzip (*coherence principle*)
    - Kontinuität von Figuren (*figural constraint*)
    - das Disparitätslimit (*disparity limit*)
    - das lokale Disparitätslimit (*local disparity limit*)
    - Reihenfolge der abgebildeten Punkte (*ordering constraint*)
    - das Disparitätsgradientenlimit (*disparity gradient limit*)
    - Zusammengehörigkeit von Kanten (*connectivity constraint*)

Diese Annahmen und Einschränkungen sind zum Teil allgemeingültig, zum Teil stellen sie aber auch bestimmte Forderungen an den Aufbau der Szene dar. Im folgenden sollen nur die Annahmen und Einschränkungen näher erläutert werden, die für die später bei der aktiven Stereometrie verwendeten Algorithmen von Bedeutung sind.

Einschränkungen durch Epipolarlinien

Satz: Ein Punkt im linken Bild kann nur mit einem Punkt im rechten Bild korrespondieren, der auf der zugehörigen Epipolarlinie im rechten Bild liegt.

Damit reduziert sich die zunächst zweidimensionale Suche auf ein eindimensionales Problem. Diese Einschränkung ist allgemeingültig, da sie ausschließlich auf physikalischen Gesetzmäßigkeiten beruht.

Eindeutigkeit der Zuordnung

Satz: Jedes Pixel eines Bildes kann (bis auf wenige Ausnahmen) nur mit genau einem Pixel des anderen Bildes korrespondieren.

Die Ausnahmen sind ein Sonderfall der Überdeckung, wobei in einem Bild zwei Punkte einer Szene getrennt gesehen werden, während im anderen Bild die beiden Punkte auf einem Sichtstrahl liegen (Bild 3.8 a)). In Bild 3.8 b) wird gezeigt, daß selbst bei gleichem Auflösungswinkel für ein Pixel durch die perspektivische Verzerrung der Fall eintreten kann, daß mehrere Pixel korrespondieren. Dieser Effekt kann durch unterschiedliche Optiken noch verstärkt werden. Bei Primitiva mit Ausdehnung muß die Möglichkeit berücksichtigt werden, daß durch Fehler in der Primitivaextraktion Primitiva vereinigt oder getrennt werden können. In solchen Fällen muß eine Mehrfach-Zuordnung zwischen Primitiva zugelassen werden.

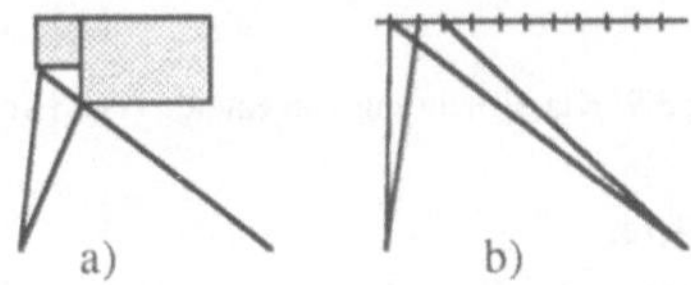

Abbildung 3.8: Verletzung der Eindeutigkeit

Verträglichkeit von Merkmalen

Satz: Merkmale in den beiden Stereobildern können nur dann miteinander korrespondieren, wenn sie die gleiche physikalische Ursache in der Szene haben.

Dieses Kriterium kann nur Anwendung finden, wenn die Merkmale nach ihrer physikalischen Ursache klassifiziert werden können. Eine Klassifizierung der in Bild 3.9 dargestellten Kanten kann aufgrund folgender Unterscheidung erfolgen (vgl. [Koschan 91]):

- **Orientierungskanten** entstehen durch eine Diskontinuität der Orientierung von Objektoberflächen.
- **Reflexionskanten** entstehen durch eine Diskontinuität der Reflexionseigenschaften von Objektoberflächen (z.B. Änderung des Oberflächenmaterials).
- **Beleuchtungskanten** entstehen durch eine Diskontinuität in der Beleuchtung von Objektoberflächen.

- <u>Glanzlichtkanten</u> sind die Begrenzung von Glanzlichtern, die durch eine spezielle Anordnung von Lichtquelle, Objektoberfläche und Beobachter entstehen.

- <u>Verdeckungskanten</u> bilden eine vom Beobachter aus gesehene Abgrenzung des Objektes gegen den Hintergrund. Abhängig vom Betrachterstandpunkt bilden sie unterschiedliche physikalische Orte in der Szene ab.

- <u>Spiegelungskanten</u> entstehen durch Spiegelung von Objekten an einer Objektoberfläche

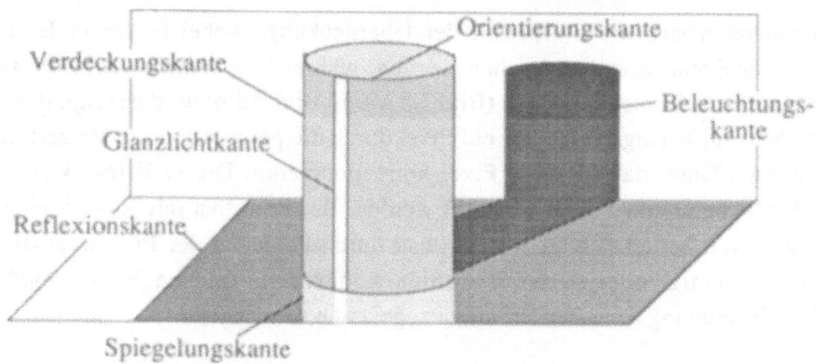

Abbildung 3.9: Klassifizierung von Kanten (vgl. [Koschan 91])

Kontinuität der Disparitäten

Annahme: Die Disparitäten der Zuordnungen variieren (fast überall) kontinuierlich in Stereobildern.

D.h. benachbarte Punkte in der Bildebene sind Projektionen von benachbarten Punkten der 3D-Welt. Für natürliche Objekte einer Szene kann angenommen werden, daß die Oberflächen in der Regel sowohl opak als auch glatt und kontinuierlich sind. Dies impliziert, daß der Abstand der einzelnen sichtbaren Oberflächenpunkte zum Betrachter (fast überall) kontinuierlich variiert. Eine Ausnahme bilden die Punkte entlang der Objektbegrenzungen, die jedoch nur einen kleinen Teil der Bilder einnehmen.

Das Disparitätslimit

Satz: Bei der Zuordnung von Merkmalen in Stereobildern existiert ein maximaler Wert für die Disparität. Durch Einschränkung der möglichen Szenentiefe existiert weiterhin ein minimaler Wert für die Disparität.[1]

---

[1]Für nicht achsenparallele Kameranordnungen wird stattdessen in Äquivalenz dazu eine minimal bzw. maximal mögliche Entfernung angenommen.

Der Suchraum für mögliche Korrespondenzpositionen wird dadurch auf einen Abschnitt der Epipolarlinie beschränkt. Einschränkungen dieser Art können z.B. in Innenräumen Anwendung finden. Dabei wird als maximale Entfernung die Ausdehnung des Raumes definiert. Als minimale Entfernung wird die Entfernung des Schnittpunktes der Sichtbereiche der Kameras definiert, da bei kleineren Entfernungen ein Objektpunkt mit Sicherheit in einer der beiden Kameras nicht sichtbar ist.

Das lokale Disparitätslimit

Annahme: Bei der Zuordnung von Primitiva in Stereobildern kann a priori zu jedem ausgewählten Primitivum eines Bildes ein spezifischer maximaler (minimaler) Wert für die Disparität angegeben werden.

Durch derartige Hinweise auf den möglichen Entfernungsbereich kann die Korrespondenzsuche auf einen gegenüber dem globalen Disparitätslimit weiter verkleinerten Abschnitt der Epipolarlinie beschränkt werden. Solche Hinweise können beispielsweise von bereits durchgeführten Korrespondenzsuchen mit sehr strengen Kriterien geliefert werden. Falls keine weiteren Vorkenntnisse existieren, kann für das lokale Disparitätslimit immer der Wert des globalen eingesetzt werden.

Reihenfolge der abgebildeten Punkte

Annahme: Punkte, die auf einer Epipolarlinie in dem einen Bild liegen, werden in derselben Reihenfolge auf der korrespondierenden Epipolarlinie des anderen Bildes abgebildet.

Durch diese Annahme wird an die Szene die Forderung gestellt, daß sich die Objekte ungefähr in der gleichen Entfernung zu den Kameras befinden, da dieses Prinzip durchbrochen werden kann, wenn ein Objekt vor einem anderen liegt. Bild 3.10 a) zeigt ein Szene in der die Annahme gerechtfertigt ist, Bild 3.10 b) zeigt eine Szene, in der gegen die Annahme verstoßen wird.

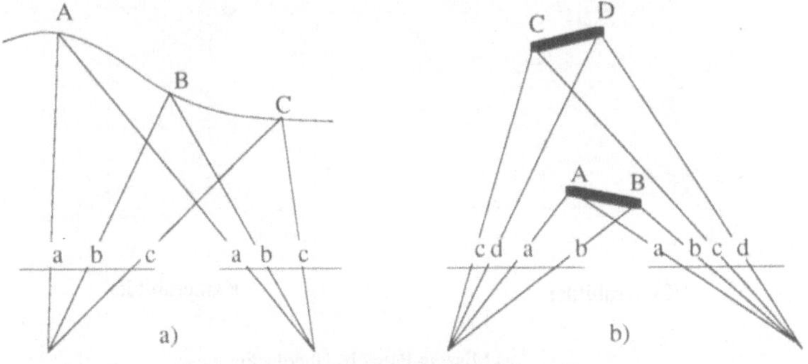

Abbildung 3.10: Reihenfolge der abgebildeten Punkte

3.3.4 Problemfälle

Eine Zuordnung bei der Korrespondenzsuche wird "positiv falsch" (*false positive*) genannt, falls Primitiva einander zugeordnet werden, die nicht dieselben Objektpunkte in der Szene repräsentieren. Demgegenüber wird eine Zuordnung "negativ falsch" (*false negative*) genannt, falls korrespondierende Primitiva nicht zugeordnet werden ([Grimson 81]). Die Anzahl der positiv falschen Zuordnungen kann verringert werden, indem durch eine Schranke für das Ähnlichkeitsmaß sehr strenge Kriterien an die Zuordnung gestellt werden. Hierdurch wird jedoch in der Regel die Anzahl der negativ falschen Zuordnungen zunehmen. Umgekehrt kann die Anzahl der negativ falschen Zuordnungen verringert werden, wenn weniger strenge Kriterien an die Zuordnung gestellt werden. Dies kann jedoch zu einer Zunahme der positiv falschen Zuordnungen führen ([Koschan 91]).

Soll mit einem Stereoverfahren die Entfernung in einer Szene gemessen werden, muß bei der vollständigen Beschreibung der betrachteten Szene beachtet werden, daß in folgenden Fällen die Auffindung von Korrespondenzen unmöglich ist bzw. zu nicht verwertbaren Ergebnissen führt.

- Überdeckung:
  Ist ein Teil der Szene nur in einem der beiden Bilder zu sehen, so kann wegen der fehlenden Korrespondenz keine Entfernung berechnet werden. In Abb. 3.11 a) erkennt man sofort, daß nur für Objekte, die innerhalb des Bereiches liegen, der von beiden Kameras erfaßt wird, Entfernungen bestimmt werden können. Dieses Problem wird als „*Missing Part Problem*" bezeichnet. In Abb. 3.11 b) wird verdeutlicht, daß Objekte oder Teile davon in einer der beiden Ansichten durch ein anderes bzw. dasselbe Objekte verdeckt werden können.

Draufsicht des Blickfeldes

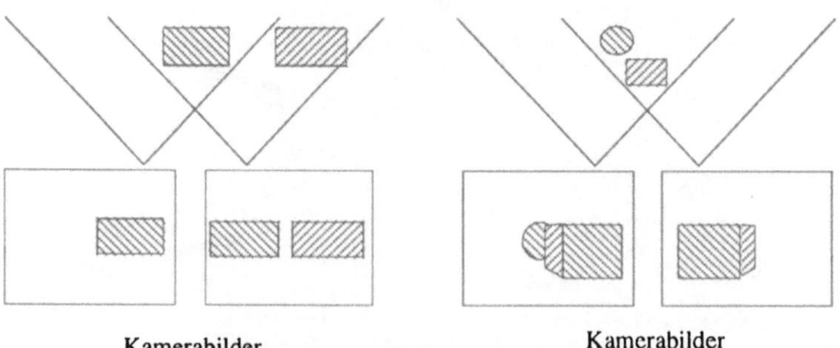

a) Missing Part   b) Überdeckung

Abbildung 3.11: Problemfälle beim stereoskopischen Prinzip

Um den Datenverlust, der aufgrund dieser Probleme entsteht, möglichst gering zu halten, sollte eine optimale Anordnung der Kameras gefunden werden. Eine Möglichkeit dazu besteht darin, den Abstand d zwischen den beiden Kameras zu verringern. Allerdings verringert sich damit auch die Genauigkeit, mit der Entfernungen bestimmt werden können.

- Verdeckungskanten:
  Verdeckungskanten bilden eine vom Beobachter aus gesehene Abgrenzung eines Objektes gegen den Hintergrund. Verdeckungskanten sind ein Sonderfall der Überdeckung, der besonders kompliziert zu erkennen ist. Ein Kantenfilter findet hierbei Kanten, die von der Betrachterposition abhängen. Werden die entsprechenden Kanten vor demselben Hintergrund abgebildet, wird ein Ähnlichkeitsmaß sehr große Ähnlichkeit berechnen. Glücklicherweise ist der entstehende Fehler nicht sehr groß. Abbildung 3.12 verdeutlicht, daß die gemessene Entfernung i.a. zwischen den realen Entfernungen liegt, und daß der entstehende Fehler mit sinkendem Kameraabstand abnimmt.

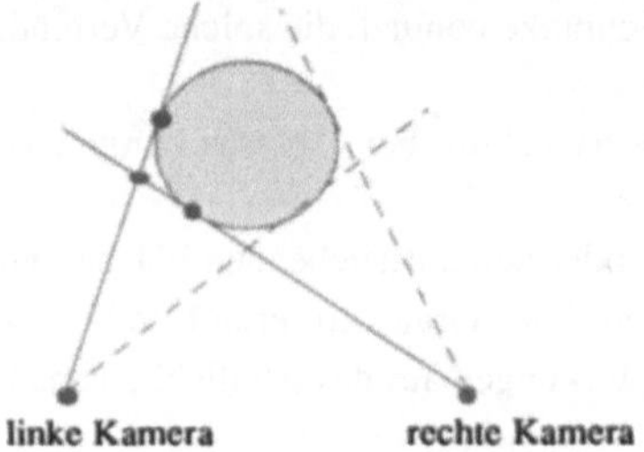

Abbildung 3.12: Verdeckungskanten

- Unbestimmter Hintergrund:
  Für den Hintergrund werden in beiden Bildern keine Primitiva gefunden, die in Korrespondenz gebracht werden könnten. Ausnahmen sind Schatten durch die Beleuchtung und texturierte Hintergründe. In der Regel wird weiterhin in den beiden Kameras ein unterschiedlicher Ausschnitt des Hintergrundes gesehen, so daß Teile des Hintergrundes überdeckt sind.

- Homogene Flächen:
  Für homogene Flächen werden in beiden Bildern keine oder sehr viele gleiche Primitiva gefunden, die in Korrespondenz gebracht werden könnten. Dies führt dazu, daß für eine Fläche die Entfernungsverteilung an Hand der Entfernungen des Flächenrandes interpoliert werden muß.

- Spiegelungen von Objekten oder der Beleuchtung:
  Bei Spiegelungen wird nicht die Entfernung zur Spiegelfläche, sondern die Entfernung zum Spiegelbild des Objektes berechnet.

- Glanzlichter:
  Glanzlichter treten an Kanten von Objekten auf, die einen bestimmten Winkel zwischen Beleuchtung und Betrachter bilden. Dort findet dann eine Reflexion der Beleuchtung statt. Ist das Glanzlicht in beiden Bildern zu sehen, ist die Situation "Spiegelung der Beleuchtung" eingetreten. Ist aufgrund der unterschiedlichen Betrachterwinkel das Glanzlicht nur in einer der beiden Kameras zu sehen, kann für das Glanzlicht keine Korrespondenz gefunden werden.

Der Korrespondenzsuchealgorithmus eines Stereoverfahrens muß folgende Situationen berücksichtigen :

- Primitiva ohne Korrespondenz durch Überdeckungen.
  Um auszuschließen, daß solche Primitiva mit einem zwar nach dem Ähnlichkeitsmaß am besten passenden, aber falschen Partner in Verbindung gebracht werden, wird eine Schranke benutzt, die solche Verbindungen ausschließen soll.

- Veränderter Grauwertverlauf bei Überdeckungen oder neu auftauchenden Flächen.
  Bei Überdeckungen oder neu auftauchenden Flächen wird in Abhängigkeit vom jeweiligen Hintergrund der Grauwertverlauf entlang von Objektkanten verändert. Dies kann Auswirkungen auf das Ähnlichkeitsmaß haben.

- Ähnliche Primitiva in derselben epipolaren Linie.
  In solchen Fällen ist das Ähnlichkeitsmaß der alternativen Korrespondenzpositionen gleich gut. Zur Lösung des Entscheidungsproblems kann z.B. die Reihenfolge der Primitiva herangezogen werden.

- Perspektivische Verzerrungen.
  Algorithmen, die Betrachtungen ausschließlich anhand von dimensionslosen Merkmalen (also Pixeln) vornehmen, werden von perspektivischen Verzerrungen nicht beeinflußt. Je größer innerhalb einer Epipolarlinie oder über mehrere benachbarte epipolare Linien die Ausdehnung eines betrachteten Primitivum ist, um so größer ist auch der Einfluß der Verzerrung. Insbesondere bei von der Umgebung stark hervorgehobenen Primitiva wird das Ähnlichkeitsmaß schnell schlechter als eine definierte Schranke. Abb. 3.13 verdeutlicht den Einfluß der perspektivischen Verzerrung.

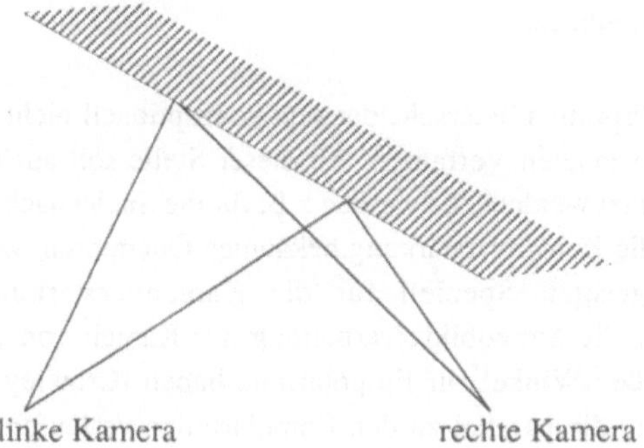

Abbildung 3.13: Perspektivische Verzerrung (nach [Horn 86])

Um den Einfluß der perspektivischen Verzerrung zu verringern, muß für ein zu testendes Korrespondenzpaar die sich aus der Disparität ergebende Entfernung berechnet werden. Mit diesen vorerst fiktiven Entfernungen können die Primitiva im 3D-Raum verglichen werden.

- **Unterschiedliche Primitivaextraktion.**
  Werden in der Primitivaextraktion die Abbildungen eines Objektes in den beiden Bildern unterschiedlich erkannt, so behandelt ein Algorithmus diese Primitiva wie überdeckte bzw. wie neu auftauchende.

In Abb. 3.14 ist ein Stereobildpaar dargestellt, in dem alle genannten Problemfälle auftauchen. Es sind folgende Probleme enthalten:

1	Verletzung der Eindeutigkeit	6	Überdeckung / Missing Part
2	Verdeckungskante	7	Unbestimmter Hintergrund
3	Glanzlichtkante	8	Homogene Flächen
4	Spiegelungskante	9	Ähnliche Primitiva
5	Reihenfolge der Primitiva		

Abbildung 3.14: Problemfälle der Stereometrie

3.3.5   Primitivaextraktion

Die Extraktion von Primitiva unterscheidet sich konzeptionell nicht von den zur Bildvorverarbeitung verwendeten Verfahren. An dieser Stelle soll auf eine eingehendere
Beschreibung verzichtet werden[2]. Es werden z.B. für die Suche nach starken Grauwert-
übergängen die für die Kantenverstärkung bekannten Operatoren, wie etwa der Gradi-
entenoperator, eingesetzt. Speziell für die Kantenverstärkung ist allerdings
anzumerken, daß für die Stereobildverarbeitung nur Kanten von Interesse sind, die
einen möglichst großen Winkel zur Epipolarlinie haben [Crowley 91]. Die Ursache
dafür ist, daß Kanten, die parallel zu den Epipolarlinien verlaufen, dazu führen, daß
viele sehr ähnliche Primitiva innerhalb einer Epipolarlinie gefunden werden. Daher
wird i.a. nur die partielle Ableitung der Grauwerte in Richtung der Epipolarlinie
betrachtet.

3.3.6   Beispiele für Ähnlichkeitsmaße

Häufig benutzte Funktionen zur quantitativen Beschreibung der Ähnlichkeit zwischen
zwei Teilbildern (Bildausschnitten) der Größe (2m+1)×(2n+1) sind die *mittlere
quadratische Abweichung Q* und die *mittlere absolute Abweichung A*, die wie folgt
definiert werden können:
Seien x,y die Mittelpunktskoordinaten eines Teilbildes und d die Differenz $(x_r - x_l)$
zwischen den Spaltenpositionen im linken und rechten Bild, dann gilt:

$$Q(x,y,d) = \sum_{j=-n}^{n} \sum_{i=-m}^{m} \left(I_l(i+x, j+y) - I_r(i+x+d, j+y) \right)^2$$

$$A(x,y,d) = \sum_{j=-n}^{n} \sum_{i=-m}^{m} \left| I_l(i+x, j+y) - I_r(i+x+d, j+y) \right|$$

wobei $I_l(i,j)$ der Intensitätswert der linken Bildmatrix an der i-ten Spalte und der j-ten
Zeile ist und $I_r(i,j)$ den entsprechenden Intensitätswert für das rechte Bild repräsentiert.
Die Teilbilder werden übereinandergelegt und elementweise voneinander abgezogen,
wobei das Ergebnis dem Mittelpunkt des betrachteten Fensters zugewiesen wird. Je
geringer die Ähnlichkeit zwischen den beiden Fenstern ist, desto höher liegen die
Werte für Q und A. Man beachte, daß bei der Berechnung der Summen die Werte für Q
bzw. A monoton mit der Anzahl der berechneten Punkte zunimmt. Die Rechenzeit

---

[2]Der interessierte Leser sei z.B. auf [Klette 92] oder [Fu 87] verwiesen.

kann deshalb unter Umständen erheblich verkürzt werden, wenn die Berechnung abgebrochen wird, sobald die Summe einen bestimmten Schwellwert überschreitet. Q reagiert sehr viel empfindlicher auf Differenzen zwischen den Bildpunkten innerhalb eines Blocks als A. Bei großen Abweichungen, die z.B. durch starke Kameraverzerrungen hervorgerufen werden, empfiehlt sich daher der Einsatz von A als Ähnlichkeitsmaß.

Die Berechnung der Ähnlichkeit zweier Merkmalsvektoren beruht auf dem elementweisen Vergleich der Einzelmerkmale. Seien ml_i bzw. mr_i die kodierten Werte für ein Merkmal des linken bzw. rechten Primitivum und n die Länge der Merkmalsvektoren, dann kann die Ähnlichkeit S zweier Merkmalsvektoren mit folgender Formel berechnet werden:

$$S = \prod_{i=1}^{n} \left(1.0 - a_i \, \frac{|ml_i - mr_i|}{Norm_i} \right)$$

wobei

a_i ein Gewichtungsfaktor aus dem halboffenen Intervall [0.0...1.0[ist
und
$1/Norm_i$ ein Normierungsfaktor ist, der $|ml_i - mr_i|$ in das Intervall [0.0...1.0] abbildet.

Das Produkt S drückt aus, mit welcher Wahrscheinlichkeit die verglichenen Primitiva miteinander korrespondieren. Wird ein einziges Element des Produkts gleich Null, mit der Bedeutung, daß die beiden verglichenen Merkmale auf keinen Fall passen, dann wird das Produkt ebenfalls Null. Die Gewichtung einzelner Merkmale gestattet es, die Verarbeitung an Eigenschaften der erwarteten Szenen anzupassen.

Ähnlich wie bei den Ähnlichkeitsmaßen Q bzw. A kann bei der Berechnung des Produkts S statt der Betragsfunktion die Quadrierungsfunktion verwendet werden. Die Rechenzeit kann unter Umständen erheblich verkürzt werden, wenn die Berechnung abgebrochen wird, sobald das Produkt einen bestimmten Schwellwert unterschreitet.

3.3.7 Darstellung des Meßergebnisses

Ergebnis der Auswertung einer Szene ist eine Entfernungskarte, die für (fast) jedes Pixel des linken Bildes eine Entfernung angibt. Im Speicher des Rechners wird die Entfernungskarte durch eine Matrix von reellwertigen Zahlen repräsentiert. Jeder Bildpunkt der linken Kamera wird auf genau einen Matrixwert abgebildet, der je nach verwendetem Algorithmus den zugehörigen Weltpunkt bzw. dessen Z-Komponente angibt.

In einem letzten Bearbeitungsschritt werden die Meßlücken in der Entfernungskarte ergänzt sowie fehlerhafte Meßwerte ersetzt. Hierfür wird ein Filter verwendet, das folgendermaßen definiert ist :

$$g(x,y) = \begin{cases} f'(x,y), \text{ wenn } |f(x,y) - f'(x,y)| > T \\ f(x,y), \text{ sonst} \end{cases}$$

wobei

$$f'(x,y) = \frac{1}{nm-1} \cdot \sum_{i=-n/2}^{n/2} \sum_{j=-m/2}^{m/2} f(x+i,y+j) - f(x,y)$$

Unterscheidet sich der betrachtete Wert an der Position (x,y) von dem Mittel der umgebenden Werte f'(x,y) um mehr als der angegebene Schwellwert T (beispielsweise 2 cm), so wird dieser durch die Interpolation der umgebenden Nachbarn ersetzt. Dies trifft sowohl für Meßlücken, als auch für Meßfehler zu. Punkte, die mit ihrer Umgebung harmonieren, werden bei dieser Vorgehensweise nicht beeinflußt. Problem dieser Vorgehensweise ist, daß Entfernungssprünge geglättet werden. Wie bereits weiter oben erwähnt muß daher die Interpolation auf kleine Bereiche beschränkt bleiben. Dies wird erreicht, indem m bzw. n genügend klein (beispielsweise 3) gewählt wird.

Entfernungskarten werden z.B. als Grauwertbild dargestellt, wobei jedem Entfernungsbereich ein Grauwert zugeordnet wird. Anschaulicher läßt sich das Ergebnis darstellen, wenn daraus eine dreidimensionale Ansicht erstellt wird. Die X- und Y-Koordinaten des linken Kamerabildes werden derart projiziert, daß sie Breite und Tiefe repräsentieren, und die errechnete Entfernung (Z-Komponente) wird durch unterschiedliche Höhen dargestellt. Dabei werden großen Entfernungen geringe Höhen und geringen Entfernungen große Höhen zugewiesen. Diese Repräsentationsform entspricht ungefähr der Realität der Szene und grobe Meßfehler können an Spitzen bzw. Löchern erkannt werden. Für eine solche Darstellungsmethode wird nur die errechnete Z-Komponente des Weltpunktes benötigt.

Abbildung 3.15 zeigt beispielhaft die Ergebnisdarstellung in Form eines Flächenmodells für eine Szene mit einem Würfel, der auf einem Tisch liegt. Eine wirklichkeitsnahe Abbildung wird erreicht, wenn verdeckte Kanten entfernt werden. Durch unterschiedliche Projektionswinkel lassen sich verschiedene Ansichten erzeugen.

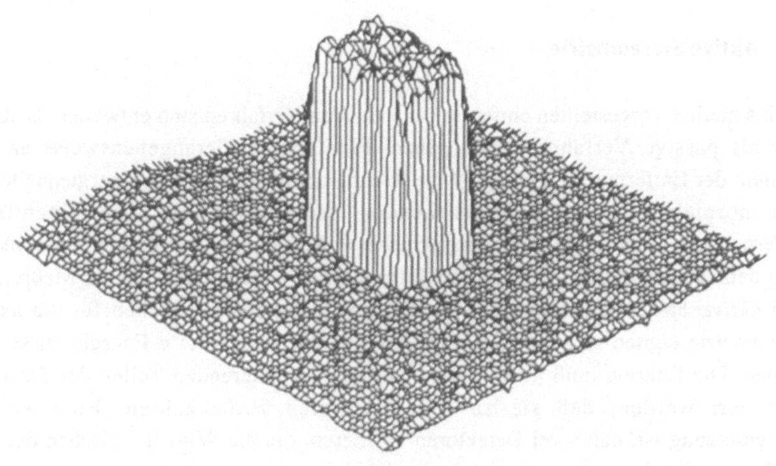

Abbildung 3.15 Flächenmodelldarstellung mit den Projektionswinkeln x=45° und y=135° (isometrische Projektion).

Eine weitere Darstellungsform, die sich allerdings nur für Entfernungskarten mit wenigen Punkten eignet, ist die Drauf-, Vorder- und Seitenansicht. Jeder gemessene Punkt wird in allen drei Ansichten an seinen berechneten Koordinaten eingetragen.

Allen Darstellungsformen ist gemeinsam, daß sie sehr stark die Interpretationsfähigkeit des menschlichen Betrachters ausnutzen. Insbesondere das Auffüllen von Meßlücken und das Übersehen von Fehlmessungen ist durch keinen Algorithmus so perfekt möglich.

3.4 Aktive Stereometrie

Die bis hierher vorgestellten entfernungsmessenden Verfahren sind entweder als aktive oder als passive Verfahren einzuordnen. Eine andere Herangehensweise an das Problem der Entfernungsmessung ist die Kombination einer aktiven Energiequelle mit dem normalerweise passiv arbeitenden Stereoverfahren. Die eigentliche Entfernungsinformation für einen betrachteten Punkt wird bei der aktiven Stereometrie nach dem Stereoprinzip – also durch Triangulation – berechnet. Dieses Meßprinzip wird *aktive Stereometrie* genannt [Gerhardt 86]. Als Energiequellen für die aktive Stereometrie eignen sich generell alle Systeme, die strukturierte Energie aussenden können. Die Energie muß mindestens von den interessierenden Teilen der Szene so reflektiert werden, daß sie zu den Detektoren zurückkehren. Eine weitere Voraussetzung ist, daß zwei Detektoren existieren, die die Winkel zwischen der von der Szene reflektierten Energie und der Basislinie bzw. den „optischen Achsen" messen können. Im folgenden wird davon ausgegangen, daß als Energie Licht und als Detektoren zwei Kameras verwendet werden. Prinzipiell wären aber auch andere Energieformen (z.B. Schall oder Röntgenstrahlen) möglich. Abbildung 3.16 zeigt den prinzipiellen Meßaufbau der aktiven Stereometrie bei Verwendung von Kameras. Verglichen mit Abbildung 2.6 ist lediglich die strukturierte Energiequelle hinzugefügt.

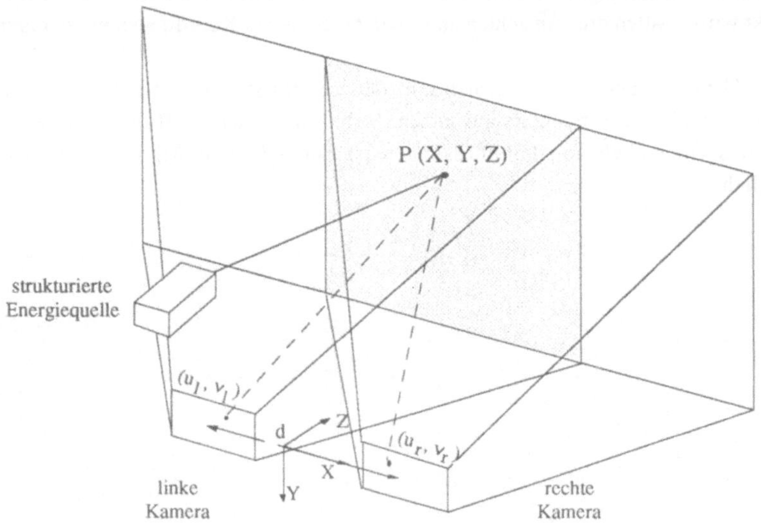

Abbildung 3.16   Der Meßaufbau der aktiven Stereometrie

Im folgenden sollen die Vor- und Nachteile der aktiven Stereometrie durch eine Gegenüberstellung mit den aktiven bzw. passiven Verfahren diskutiert werden.

Das Hauptproblem des passiven Stereomeßverfahrens liegt bei der Korrespondenzsuche, die für einen gegebenen Punkt im Bild der einen Kamera den zugehörigen Punkt im Bild der anderen Kamera bestimmen muß. Bei der Kombination mit einem aktiven Verfahren wird die Struktur der verwendeten Energiequelle dazu benutzt, diese Korrespondenzsuche zu vereinfachen. Dazu wird in beiden Bildern nach der verwendeten, eindeutigen und leicht identifizierbaren Energiestruktur gesucht. Diese Vereinfachung führt dazu, daß die Korrespondenzanalysealgorithmen einfacher gehalten werden können, wodurch eine Steigerung der Auswertungsgeschwindigkeit möglich ist.

Einer der wesentlichen Vorteile der aktiven Stereometrie gegenüber dem entsprechenden Triangulationsverfahren ist, daß evtl. von der Szene ausgehende Veränderungen der verwendeten, eigentlich eindeutigen und leicht identifizierbaren Energiestruktur sich beiden Kameras gleich mitteilen. Dadurch ist es möglich, darauf zu verzichten, die gemessene Struktur durch Vergleich mit der ausgesendeten Energie zu identifizieren. Stattdessen wird die Übereinstimmung der (ggf. veränderten) Strukturen in beiden Bildern für die Messung verwendet. Ist eine Identifikation möglich, dann kann sie zur Störbefreiung herangezogen werden.

Beim passiven Stereo werden Annahmen und Einschränkungen dazu verwendet, Mehrdeutigkeiten bei der Korrespondenzsuche aufzulösen und damit negativ falsche Korrespondenzen zu verhindern. Beim aktiven Stereo gilt die Besonderheit, daß ähnliche Primitiva in derselben Epipolarlinie durch eine geeignete Anordnung der Kameras und der Energiequelle und durch eine geschickte Wahl der Energiestruktur vermeidbar sind, da die Orte von Mehrdeutigkeiten durch die Struktur unterscheidbar gemacht werden. Daher sind diese Annahmen und Einschränkungen beim aktiven Stereo nicht notwendig, können aber dazu verwendet werden, die Auswertungszeiten zu verringern.

Ein Vorteil der zusätzlichen Verwendung einer aktiven Energiequelle beim passiven Stereoverfahren ist, daß die Orientierung der Energiequelle nicht in die Berechnung eingeht, wie dies bei aktiven Verfahren der Fall ist, die mit *einer* Kamera arbeiten. Es muß also z.B. bei der Verwendung eines Lichtstrahls nicht bekannt sein bzw. gemessen werden, welches die aktuellen Beleuchtungswinkel sind. Es ist keine apparative Kalibrierung der Energiequelle notwendig. Ist die Orientierung dennoch bekannt, besteht zusätzlich die Möglichkeit, das Bild einer oder beider Kameras nach dem entsprechenden Triangulationsprinzip zu bearbeiten und nur in Zweifelsfällen auf die Stereoinformation zurückzugreifen bzw. die Redundanz dazu zu benutzen, die Ergebnisse zu überprüfen.

Die hier vorgestellten Verfahren nach dem aktiven Stereometrieprinzip basieren alle auf demselben Meßaufbau. Er eignet sich prinzipiell auch für die passive Stereoverarbeitung. Daher ist es ohne Zusatzaufwand möglich, eine Fusion von passivem und aktivem Stereoalgorithmus sowie den nach dem entsprechenden Triangulationsprinzip voneinander unabhängig arbeitenden Kameras zu erreichen. Auf diese Weise ist es ohne Änderung am Meßaufbau möglich, 4 unabhängige Meßergebnisse miteinander zu fusionieren, wobei drei unterschiedliche Meßverfahren zur Anwendung kommen, die allerdings alle auf dem Entfernungsberechnungsprinzip der Triangulation basieren. Neben der voneinander unabhängigen Messung besteht die Möglichkeit, ein aktives Verfahren gezielt einzusetzen, um dem passiven Stereoalgorithmus an Orten von Mehrdeutigkeiten Entscheidungshinweise zu geben. Z.B. könnte auf Nachfrage der Ort der Unsicherheit unter Rechnerkontrolle durch einen Laserlichtpunkt beleuchtet werden, wodurch die gesuchte Korrespondenz eindeutig wird.

Das aktive Meßprinzip eignet sich generell zur Erzeugung sehr dichter Entfernungskarten. Durch die Verwendung der aktiven Energiequelle können gegenüber dem passiven Stereoverfahren wesentlich mehr Punkte gemessen werden, da auf einheitlichen Oberflächen die Struktur der Energiequelle zu unterscheidbaren Meßpunkten führt. Der Anwendungsbereich ist auf die Reichweite der Energiequelle beschränkt. Die aktive Stereometrie hat sich bei der praktischen Überprüfung als weitgehend unabhängig von äußeren Beleuchtungseinflüssen erwiesen (siehe Tabelle 5.6 in Kapitel 5.2.1). Daraus ist zu folgern, daß bei entsprechender Energieintensität auch im Außenbereich sinnvolle Ergebnisse erzielt werden können.

Da die aktive Stereometrie binokular arbeitet, ist sie auch mit dem Problem der Überdeckung behaftet. Es kann demnach Situationen geben, in denen ein beleuchteter Szenenpunkt nur in einer bzw. sogar in keiner der beiden Kameras gesehen werden kann. Weiterhin kann die Situation auftreten, daß Szenenbereiche durch den Schatteneffekt überhaupt nicht beleuchtet werden. Ist ein beleuchteter Punkt noch in einer der beiden Kameras sichtbar, dann könnte noch nach dem Prinzip der Triangulation die 3D-Information berechnet werden. Ist aber ein betrachteter Punkt nicht beleuchtet, dann entsteht im Meßbild eine unvermeidbare Datenlücke, die von einem anderen Sensor bzw. mittels zusätzlich gewonnener Information ausgeglichen werden muß. Eine Möglichkeit, das Überdeckungsproblem zu verringern, wäre die Verwendung eines trinokularen Aufbaus. Hierbei ist die Wahrscheinlichkeit, daß ein Szenenpunkt in mindestens zwei Kameras zu sehen ist, höher und damit lassen sich für eine größere Anzahl von Raumpunkten die Korrespondenzpaare finden.

Wie bei allen aktiven Verfahren kann auch bei der aktiven Stereometrie die verwendete Energie in der Szene absorbiert werden bzw. so reflektiert werden, daß durch Mehrfachreflexionen falsche Meßergebnisse bestimmt werden. Ein wesentlicher Vorteil der aktiven Stereometrie ist, daß Überdeckungen und Energieabsorptionen aus der Meßaufnahme bestimmt werden können, da an solchen Stellen keine strukturierte Energie gemessen werden kann.

In Kapitel 3.3.3 wurden prinzipielle Schwierigkeiten der Stereoanalyse aufgeführt, deren Bedeutung im Zusammenhang mit der aktiven Stereometrie im folgenden diskutiert werden soll. Da sich die aktive Stereometrie vom Prinzip her nicht an Kanten orientiert, existiert das Problem der Verdeckungskanten hierbei nicht. Da mit Hilfe der Energiequelle auch im Hintergrund unterscheidbare Meßpunkte herbeigeführt werden können, kann auch für einen unstrukturierten Hintergrund eine Entfernungsbestimmung vorgenommen werden. Die Schwierigkeiten mit Spiegelungen und Glanzlichtern bleiben erhalten.

Aspekte der Entwicklung eines Sensorsystems sind die Meßgenauigkeit und der Arbeitsbereich. Sie sollten möglichst groß sein, unterliegen aber naturgemäß physikalischen Schranken. Entwicklungsziel war, in einem Bereich bis zu 1 m (der Reichweite eines Roboters) eine Meßgenauigkeit von $\pm$ 1 mm (der Positioniergenauigkeit vieler Roboter) zu erreichen. Dies konnte mit Hilfe der aktiven Stereometrie selbst mit den einfachen, zur Verfügung stehenden Kameras erreicht werden. Prinzipiell sind beliebig hohe Genauigkeiten und Auflösungen zu erreichen, wenn z.B. die Pixelauflösung verbessert bzw. eine subpixelgenaue Betrachtung eingeführt wird. Die Verwendung von Objektiven führt dazu, daß eine Arbeitsbereichsuntergrenze eingeführt werden muß, da die Objekte im Nahbereich nicht mehr scharf abgebildet werden. Die festgelegte Untergrenze von 100 mm führt dazu, daß die Endannäherung an ein zu greifendes Objekt mit anderen Sensoren bzw. mit anderen Optiken vorgenommen werden muß.

In den folgenden Kapiteln werden zwei Verfahren vorgestellt, die nach dem Prinzip der aktiven Stereometrie arbeiten. Dies sind die Laserstereometrie und das neue Verfahren der aktiven Stereometrie mit Farbe. Prinzipiell sind alle in Kapitel 3.2 vorgestellten aktiven Verfahren zur Kombination mit dem passiven Stereoalgorithmus geeignet, ergeben aber vom Meßprinzip her für einen einzelnen Punkt gegenüber der Punktbeleuchtung keine Abweichung. Daher reicht die Untersuchung der Laserstereometrie, um Aussagen treffen zu können, ob und mit welcher Genauigkeit mit Hilfe der aktiven Stereometrie Entfernungsmessungen vorgenommen werden können. Die aktive Stereometrie mit Farbe verwendet eine neue, sehr komplexe Energiestruktur und stellt das derzeit einzige Verfahren dar, das vom Prinzip her alle Möglichkeiten der aktiven Stereometrie ausschöpfen kann.

4 Laserstereometrie

4.1 Grundlagen

Das im folgenden vorgestellte Verfahren basiert auf der Projektion eines an eine beliebige Stelle projizierbaren Laserpunkts auf das zu erkennende Objekt. Dieser Punkt wird dann von zwei Kameras, die sich in einer Stereoanordnung befinden, aufgenommen (siehe Abb 4.1). Das Verfahren stellt die Kombination der Punktbeleuchtung mit der Stereometrie dar. Es wird im folgenden *Laserstereometrie* genannt. Es wurde in seiner Konzeption erstmals von [Gerhardt 86] vorgestellt und von [Ottink 89, Ottink 90] implementiert und getestet. Der wesentliche Vorteil des Verfahrens besteht darin, daß die Korrespondenzsuche dadurch vereinfacht wird, daß die jeweils hellsten Punkte in den beiden Bildern (sie sind die Bilder des Laserpunktes auf dem Objekt) als Korrespondenzpunkte betrachtet werden können. Um die Suche von der Umgebungsbeleuchtung unabhängig zu machen, kann der beleuchtete Punkt durch eine Bildsubtraktion (Aufnahme mit/ohne Laserpunkt) oder durch die Verwendung spezieller Laserlichtfilter gut hervorgehoben werden. Die Suche nach dem korrespondierenden Punkt im zweiten Bild erfolgt unter Berücksichtigung der epipolaren Geometrie. Der wesentliche Vorteil der Laserstereometrie gegenüber der gewöhnlichen Punktbeleuchtung ist, daß keine apparative Kalibrierung der Laserablenkeinheit erforderlich ist, da die Orientierung des Laserstrahls nicht in die Berechnung eingeht. Dementsprechend ist auch die Genauigkeit der Laserablenkeinheit von untergeordneter Bedeutung.

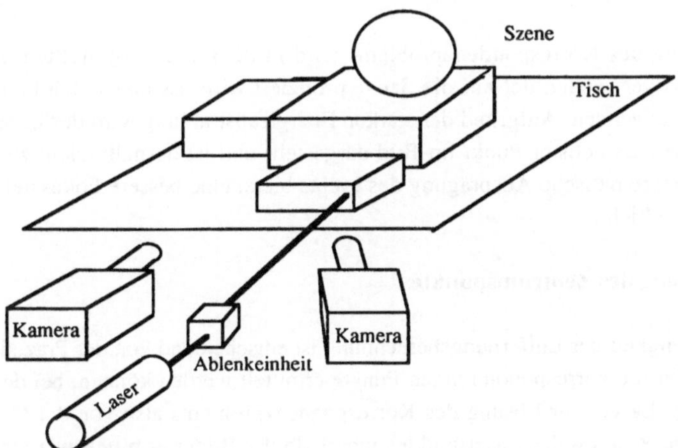

Abbildung 4.1: Aufbau für das Verfahren der Laserstereometrie

Ideal geeignet ist diese Methode zur Kombination mit passiven Verfahren, die Grauwertbilder von zwei Kameras auswerten. In diesem Fall kann dieses hochgenaue, aber langsame Verfahren verwendet werden, um gezielt die Entfernung solcher Punkte zu bestimmen, deren Koordinaten mit dem anderen verwendeten Verfahren nicht bestimmt werden kann. Zur Erfassung einer ganzen Szene oder interessierender Teile davon wird der Laserstrahl mittels einer steuerbaren Spiegelablenkeinheit über die Szene gelenkt.

Das Verfahren wurde experimentell erprobt und seine Funktionsfähigkeit nachgewiesen.

Eckdaten des Verfahrens

Bei dem hier entwickelten Sensor wurden folgende charakteristischen Eckdaten angestrebt und, wie in Kapitel 4.2 gezeigt wird, auch erreicht. Der Entfernungsbereich, in dem gute Ergebnisse erzielt werden können, liegt zwischen 100 mm und 1000 mm. Die kleine untere Grenze von 100 mm erfordert die Anwendung von Objektiven mit sehr kurzen Brennweiten (4.5 mm). Dies hat den Nachteil, daß die Entfernung im oberen Grenzbereich nur noch sehr ungenau bestimmt werden kann. Die Genauigkeit innerhalb des Nahbereiches bis 400 mm liegt bei ± 0.5 mm. Diese Angaben sind jedoch im wesentlichen von den verwendeten Objektiven und dem Abstand zwischen den beiden Kameras abhängig (in unserem Falle 200 mm). Prinzipiell lassen sich mit dem vorgestellten Verfahren Sensoren für beliebige Entfernungs- und Genauigkeitsbereiche konzipieren.

Zur Lösung des Korrespondenzproblems wird in dem hier vorgestellten System ein Lichtpunkt verwendet, der auf die Szene projiziert wird. Es bietet sich hier an, einen Laser zu verwenden. Aufgrund der starken Energieabstrahlung wird der Laserpunkt im allgemeinen als hellster Punkt im Bild dargestellt und ist deshalb leicht zu erkennen. Die monochromatische Ausprägung des Lichts bietet eine bessere Fokussierbarkeit als bei weißem Licht.

Bestimmung des Zentrumspunktes

Die Genauigkeit der Entfernungsberechnung ist entscheidend von der Präzision abhängig, mit der die korrespondierenden Punkte ermittelt werden können, bei der Verwendung eines Lasers zur Lösung des Korrespondenzproblems also von der Genauigkeit, mit der die Position des Laserpunktes innerhalb der Bilder ermittelt werden kann. Da der Laserpunkt in einer Entfernung von 200 mm bereits einen Durchmesser von etwa 1 mm hat, wird er innerhalb des Videobildes auf mehr als ein Pixel abgebildet. Abb. 4.2 zeigt die Helligkeitsverteilung eines Laserpunkts innerhalb eines Kamerabildes, das mit einer Auflösung von 512×512 Pixel aufgenommen wurde. Dargestellt ist ein Ausschnitt von 30×30 Pixel.

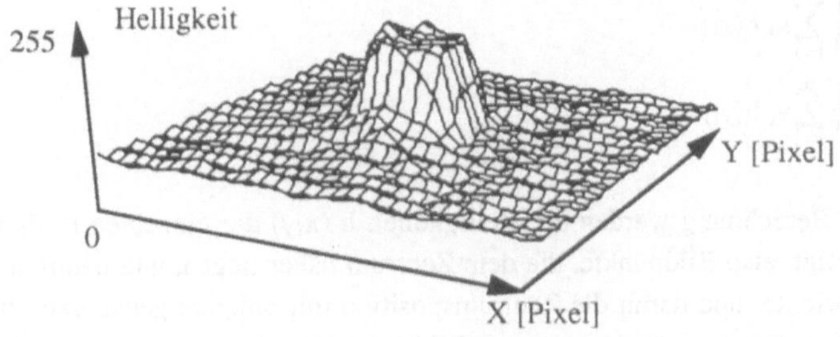

Abbildung 4.2: Perspektivische Darstellung der Helligkeit eines gemessenen Laserpunkts

Zur Bestimmung des Zentrumspunktes ist es erforderlich, eine Mittelwertbildung über einen größeren Bereich durchzuführen. Dazu betrachten wir eine einzelne Zeile innerhalb eines Bildes, wie sie die folgende Abb. 4.3 zeigt.

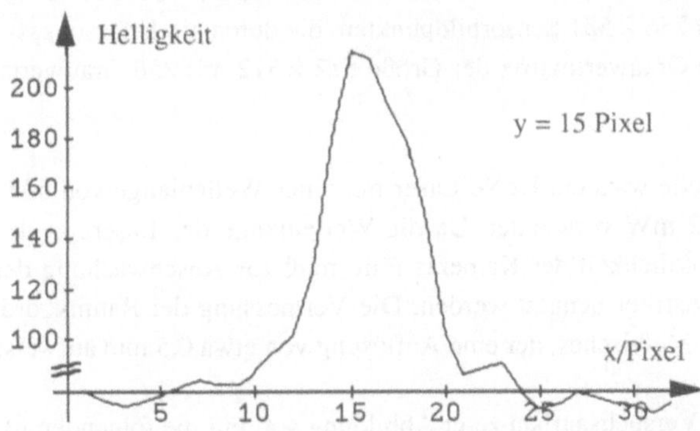

Abbildung 4.3: Helligkeitsverteilung innerhalb einer Bildzeile

Die Strahlung des verwendeten Lasers (POLYTEC PL 710P) hat nach Angaben des Herstellers ein Gauß'sches Intensitätsprofil, das in Abbildung 4.3 anhand gemessener Werte dargestellt ist. Dieses Intensitätsprofil entspricht der Wahrscheinlichkeitsdichtefunktion f(x) einer stetigen Zufallsgröße. Der Mittelwert einer solchen Funktion berechnet sich zu:

$$\mu = \int_{-\infty}^{\infty} x\, f(x)\, dx$$

Für den diskreten Fall eines Videobildes ergibt sich für die Koordinaten des Zentrumspunktes:

$$x = \frac{1}{n} \sum_{i=1}^{n} x_i\ h(x_i)$$

$$y = \frac{1}{n} \sum_{i=1}^{n} y_i\ h(y_i)$$

Bei dieser Berechnung werden die Helligkeiten h (x,y) der einzelnen Bildpunkte mit berücksichtigt, also Bildpunkte, die dem Zentrum näher liegen, und damit heller sind, stärker gewichtet und damit die Zentrumsposition mit Subpixelgenauigkeit bestimmt. Dabei darf natürlich nicht das gesamte Bild bearbeitet werden, sondern lediglich der Ausschnitt, in dem der Laserpunkt liegt. Dieser Ausschnitt läßt sich durch die Suche nach dem hellsten Punkt innerhalb des Bildes bestimmen.

4.2 Experimentelle Ergebnisse

Für die Untersuchungen zur Leistungsfähigkeit des Sensorkonzeptes wurde folgender Versuchsaufbau gewählt. Die verwendeten Kameras (IMAC CCD S40) besitzen eine Auflösung von 756 × 581 Sensorbildpunkten, die durch ein Erfassungssystem (ITI FG-100-Q) in eine Grauwertmatrix der Größe 512 × 512 mit 256 Grauwertstufen digitalisiert wird.

Als Energiequelle wird ein HeNe-Laser mit einer Wellenlänge von 633 nm und einer Leistung von 2 mW verwendet. Da die Wellenlänge des Lasers in den Bereich der größten Empfindlichkeit der Kameras fällt, muß zur Abschwächung des Laserlichtes ein Polarisationsfilter benutzt werden. Die Vermessung der Raumkoordinaten erfolgt mit Hilfe eines Meßtisches, der eine Auflösung von etwa 0,5 mm aufweist.

Den gesamten Versuchsaufbau zeigt Abbildung 4.4. Für die folgenden Messungen sind die beiden Kameras in einem Abstand von 200 mm montiert. Bei einem horizontalen Öffnungswinkel der Objektive von 67,3° ergibt sich nach dem in Kapitel 2.1.4 vorgestellten Verfahren für einen maximalen Abstand von 500 mm ein Schwenkwinkel von 77,5°. Die Kalibrierung dieser Anordnung geschieht nach der in Kapitel 2.1.3 vorgestellten Methode.

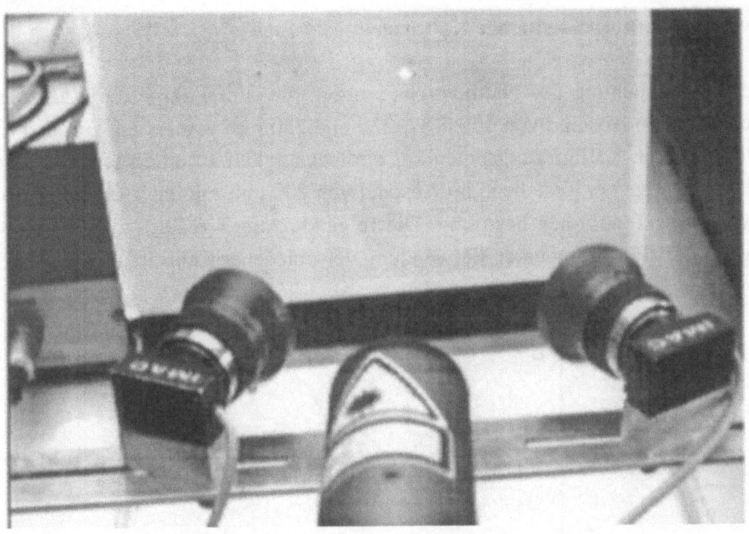

Abbildung 4.4: Versuchsaufbau des Sensorsystems

4.2.1 Meßgenauigkeit

Zur Überprüfung der Meßgenauigkeit wird ein bekanntes vorgegebenes Muster vermessen. Als Testpunkte werden 16 Punkte eines Würfels mit der Kantenlänge 80 mm
ausgewählt. Diese Punkte sind wiederum in einer Ebene angeordnet. Damit ist gewährleistet, daß sich Aussagen über die relative Abweichung der Entfernung machen lassen,
ohne die tatsächliche Entfernung messen zu müssen. Abb. 4.5 zeigt die aus einer
Beispielmessung berechneten X- und Y-Koordinaten des Testmusters.

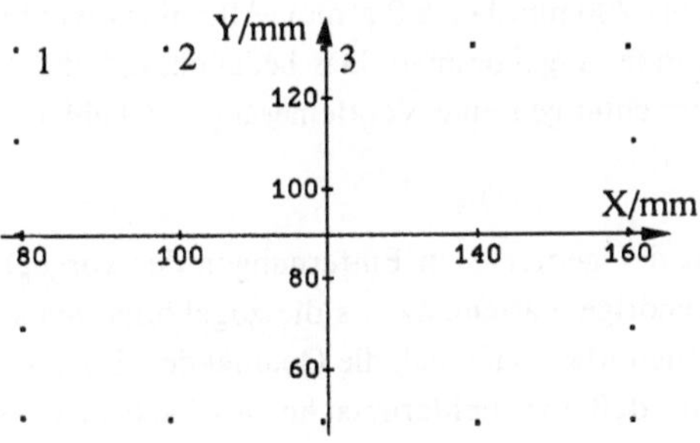

Abbildung 4.5: Verwendetes Testmuster

Verwendung unterschiedlicher Kalibrierungsebenen

Für die Untersuchung des Nahbereichs wurden die fünf Punkte der Kalibrierungsebenen in einem Abstand von 150, 180, 210 und 250 mm vermessen. Um den Einfluß
der verwendeten Kalibrierungsdaten auf die Genauigkeit zu untersuchen, werden die
Entfernungswerte der Testebene im Abstand von 200 mm mit unterschiedlich ermittelten Abbildungsfunktionen bestimmt. Die folgende Abb. 4.6 zeigt die Abweichungen
bezüglich der z-Richtung unter Verwendung verschiedener Kalibrierungsdaten.

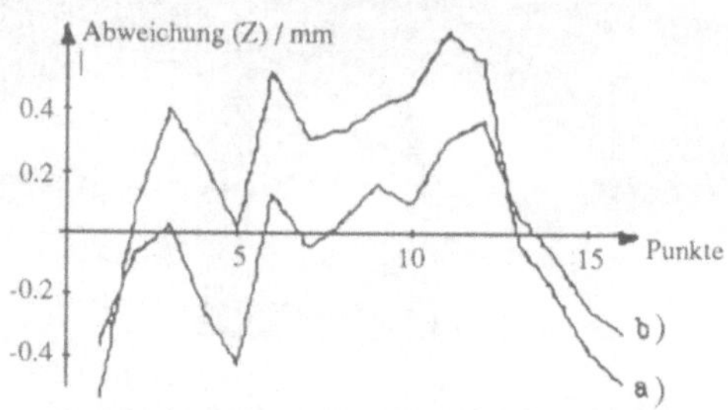

Abbildung 4.6: Genauigkeitssteigerung durch Verwendung unterschiedlicher Kalibrierungsdaten:
a) Kalibrierungsebenen 150 und 250 mm   **b)** Kalibrierungsebenen 180 und 210 mm

Bei der Verwendung der Kalibrierungsebenen 150 und 250 mm ergibt sich eine maximale Abweichung von ± 0,6 mm und bei der Verwendung der anderen Kalibrierungsebenen eine Abweichung von ± 0,4 mm. Dies sind jedoch die maximalen Abweichungen innerhalb der gesamten Meßreihe. Die meisten Werte der zweiten Kalibrierung
liegen zwischen ±0,2 mm. Dieses Ergebnis ist wesentlich besser als bei der theoretischen Berechnung des Fehlers in Kapitel 2.1.4. Die Genauigkeit liegt dort für den
Entfernungsbereich bis 200 mm bei ± 0,5 mm. Allerdings wurde dabei eine Fehlseg-
mentierung von 0,5 Pixel angenommen. Das bedeutet, daß durch die Einführung der
subpixelgenauen Betrachtungen eine Verkleinerung des Fehlers um den Faktor 2 erreicht wurde.

Sei $\overline{z}$ der Mittelwert der gemessenen Entfernungen des vorgegebenen Musters. Sei
weiterhin s^2 die zugehörige Varianz bzw. s die zugehörige Standardabweichung. Mit
Hilfe dieser statistischen Maße läßt sich die Qualität des Ergebnisses beurteilen, wenn
man davon ausgeht, daß die Fehlerursache stochastischer Natur ist und einer
Normalverteilung genügt.

$$\overline{z} = \frac{1}{n} \sum_{i=1}^{n} z_i \qquad\qquad s^2 = \frac{1}{n-1} \sum_{i=1}^{n} \left(z_i - \overline{z}\right)^2 \qquad\qquad (4.7)$$

Mit Hilfe dieser Maße kann gesagt werden, daß mit einer Wahrscheinlichkeit von 68,3% die Messung im Intervall [$\bar{z}-s$, $\bar{z}+s$] liegt. Für die Abb. 4.6 ergibt sich:

	$\bar{z}$/mm	s/mm
Kalibrierungsebenen 150 und 250 mm	200.643	0.38
Kalibrierungsebenen 180 und 210 mm	200.462	0.23

Die Entfernungen lassen sich genauer bestimmen, wenn zur Ermittlung der Abbildungsfunktionen Kalibrierungsdaten verwendet werden, die der Testebene näher sind. Da die Raumkoordinaten der Punkte jedoch einzeln vermessen werden müssen, kann an dieser Stelle nicht entschieden werden, ob der Fehler durch Fehlberechnungen oder durch Fehlmessungen der Raumkoordinaten entstanden ist, da der Durchmesser des Laserstrahls innerhalb dieses Entfernungsbereiches etwa 1 mm beträgt und als Meßgerät lediglich Millimeterpapier zur Verfügung stand.

Um den Einfluß der Auswahl der Abstände der Kalibrierungsebenen zu untersuchen, wurde dieselbe Testebene im Abstand von 350 mm, also weit außerhalb der obigen Kalibrierungsbereiche, vermessen. Abbildung 4.7 zeigt die Ergebnisse unter Verwendung der gleichen Kalibrierungsdaten wie oben. Bei Verwendung der Kalibrierungsebenen 150 und 250 mm sind die ermittelten Werte genauer als bei der Verwendung der Ebenen 180 und 210 mm. Daraus läßt sich erneut folgern, daß die Entfernungsbestimmung um so genauer ist, je näher die verwendeten Kalibrierungsebenen bei der Testebene liegen.

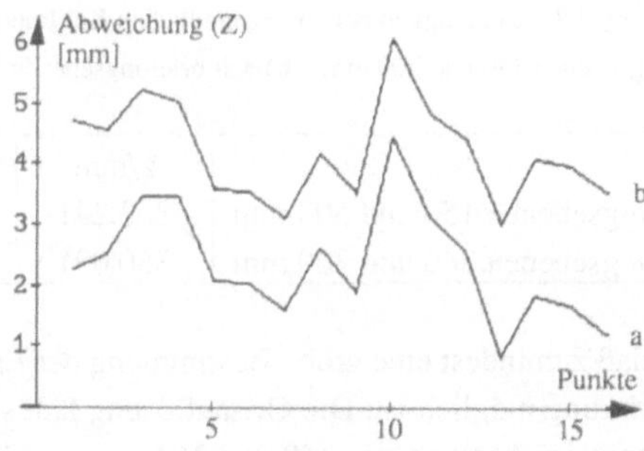

Abbildung 4.7: Testebene außerhalb des Kalibrierungsbereichs

	$\bar{z}$/mm	s/mm
Kalibrierungsebenen 150 und 250 mm	352.342	0.93
Kalibrierungsebenen 180 und 210 mm	354.212	0.84

Entfernungsdynamik

Zur Erhöhung der Entfernungsdynamik erscheint es deshalb sinnvoll, zunächst einmal einen großen Entfernungsbereich zu kalibrieren und anschließend Kalibrierungsdaten zu verwenden, die näher am Zielgebiet liegen. In der folgenden Abb. 4.8 sind die relativen Entfernungsabweichungen von der Testebene (Abstand = 350 mm) bei Verwendung zweier Kalibrierungsebenen im Abstand von 150 und 500 mm (Kurve a) und zur Erhöhung der Genauigkeit zweier weiterer Kalibrierungsebenen im Abstand von 340 und 360 mm (Kurve b) dargestellt.

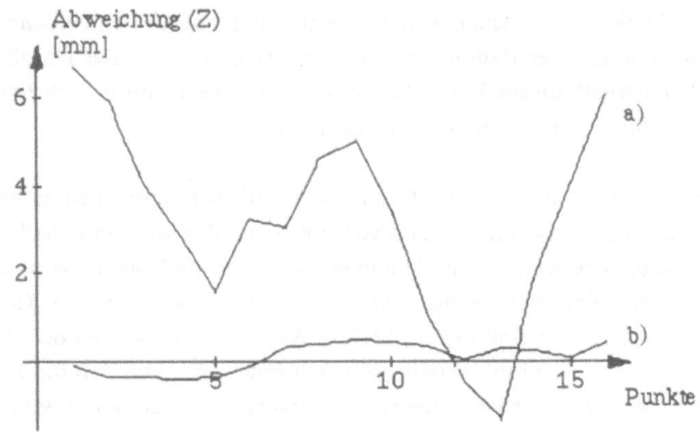

Abbildung 4.8: Genauigkeit bei unterschiedlichen Kalibrierungsdaten
a) Kalibrierungsebenen 150 und 500 mm   **b)** Kalibrierungsebenen 340 und 360 mm

	$\bar{z}$/mm	s/mm
Kalibrierungsebenen 150 und 500 mm	353.241	2,28
Kalibrierungsebenen 340 und 360 mm	350.091	0,32

Das Ergebnis zeigt, daß zumindest eine grobe Bestimmung der Entfernung mittels einer weiträumigen Kalibrierung möglich ist. Die Ortsauflösung läßt sich unter Verwendung der Kalibrierungsebenen im Abstand von 340 und 360 mm entscheidend verbessern.

Um ein System zu erhalten, das über einen weiten Entfernungsbereich möglichst genau arbeitet, sollten nach einer groben Abschätzung der Entfernung die Daten unter Verwendung von Kalibrierungsebenen, die in der Nähe dieser Grobabschätzung liegen, neu berechnet werden. Da die Abbildungsfunktionen für die einzelnen Entfernungsbereiche bereits während der Kalibrierungsprozedur bestimmt werden können, muß zur Entfernungsbestimmung lediglich das Gleichungssystem (2.14) erneut gelöst werden.

Durch die vorangegangenen Untersuchungen mag der Eindruck entstanden sein, daß das Modell nur zwischen den beiden Kalibrierungsebenen gilt. Dies ist jedoch nicht richtig, es ist nur innerhalb dieses Bereiches genauer. Prinzipiell können auch Punkte weit außerhalb des Kalibrierungsbereichs bestimmt werden. Je dichter jedoch die Meßpunkte am Kalibrierungsbereich liegen, desto genauer können die Koordinaten ermittelt werden, da dieser Bereich durch das Modell besonders genau beschrieben wird.

Weitere Untersuchungen z.B. die Untersuchung des Verhaltens bei Objekten mit unterschiedlichen Reflexionseigenschaften sind in [Ottink 90] enthalten.

Geschwindigkeitsbetrachtungen

Die im folgenden genannten Zeitangaben beziehen sich auf eine reine Softwarelösung. Das System wurde in PASCAL implementiert und auf einer Micro VAX II ausgeführt.

Die Zeit, in der eine Entfernungsberechnung durchgeführt werden kann, ist von 3 wesentlichen Punkten abhängig:

(1) Zeit zur Aufnahme der einzelnen Videobilder
(2) Auswertung der Bilder; in diesem Fall Ermittlung des Laserpunktes
(3) Dauer der Entfernungsberechnung für einen Punkt

Die Zeit für die Aufnahme eines Bildes beträgt bei dem von uns verwendeten Videosystem 20 ms. Zur Auswertung der Bilder, das heißt zum Auffinden des hellsten Punktes und Berechnung des Zentrums, muß das gesamte Bild einmal durchsucht werden. Da dies jedoch innerhalb des Videobildspeichers durchgeführt werden kann, wird keine Zeit für den Transfer der Daten in den Hauptspeicher benötigt, und zusammen mit der Berechnung des Zentrums des Laserpunktes werden ungefähr 3 s benötigt. Dieses Ergebnis ist allerdings abhängig von der Größe des Fensters, das bei der Berechnung des Zentrumspunktes verwendet wird. Zur Entfernungsberechnung müssen die obigen Operationen zweimal, einmal für die linke und einmal für die rechte Kamera, durchgeführt werden. Der Aufwand zur Lösung des überbestimmten Gleichungssystems 2.14 und damit der Bestimmung der Raumkoordinaten mittels der Methode der Pseudoinversen wird mit

$$\frac{2n^3}{3}$$

Operationen angegeben [Stoer 76]. Dabei ist n die Anzahl der Gleichungen, in unserem Fall n=4. Auf einer Micro VAX II ergibt sich zur Berechnung eines einzelnen Punktes eine Zeit von 20 ms.

Insgesamt benötigt das gesamte Verfahren also:

Aufnahme der Videobilder:	$2 \cdot 20 \cdot 10^{-3}$ s
Auswertung der Bilder:	$2 \cdot 3$ s
Entfernungsberechnung:	$2 \cdot 20 \cdot 10^{-3}$ s
Entfernungsbestimmung für einen Punkt	6,08 s

Dies ist die Zeit zur Berechnung eines einzelnen Punktes. Zur Erstellung eines halb-
wegs vollständigen Entfernungsbildes wird jedoch eine sehr große Anzahl Punkte
benötigt. Dadurch wird zumindest bei der Verwendung des derzeitigen Videoaufnah-
mesystems das Verfahren unakzeptabel, es eignet sich lediglich zur genauen Entfernungsbestimmung einzelner Punkte. Der eigentliche Flaschenhals, nämlich die digitale
Auswertung der Bilder, ließe sich durch Einsatz geeigneter Elektronik, mit der sich der
hellste Punkt bereits innerhalb des analogen Videosignals bestimmen ließe, vermeiden.
Bei der Verwendung eines digitalen Systems ist das wesentliche Problem, daß für jeden
Punkt zwei neue Bilder aufgenommen werden müssen. Ansatzpunkte zur Geschwin-
digkeitssteigerung sind neben der Verwendung schnellerer Rechner die
Korrespondenzsuche unter Berücksichtigung der epipolaren Geometrie sowie eine
Verfolgung des bewegten Laserpunktes in Echtzeit.

4.2.2 Entfernungskarten

Im folgenden soll noch ein Beispiel für die Erfassung dreidimensionaler Objekte durch
Abtastung mit einem Laserstrahl gegeben werden. Zur Aufnahme der Meßdaten wird
der Laserstrahl auf markante Punkte der Objekte ausgerichtet und aus den zwei
Kameraaufnahmen die Entfernung für diese Punkte bestimmt. Das Beispiel zeigt die
Vermessung einer einfachen Szene aus der „Klötzchenwelt". Insgesamt sind 50 Punkte
entlang der Kanten der Objekte vermessen worden. Die folgende Abbildung zeigt das
linke und rechte Kamerabild der Testszene.

Abbildung 4.9: Linkes und rechtes Kamerabild der Testszene

An den beiden Abbildungen erkennt man, daß Datenlücken aufgrund der bereits in Kapitel 3.3.3 beschriebenen Probleme entstehen. Damit sich das Objekt rekonstruieren läßt, werden deshalb nur Punkte vermessen, die im Sichtbereich beider Kameras liegen. Die folgende Abbildung zeigt Vorderansicht, Draufsicht, und Seitenansicht mit Entfernungsangaben bezüglich des Bezugskoordinatensystemes sowie die aus den Entfernungsdaten ermittelte dreidimensionale Darstellung der aufgenommenen Szene.

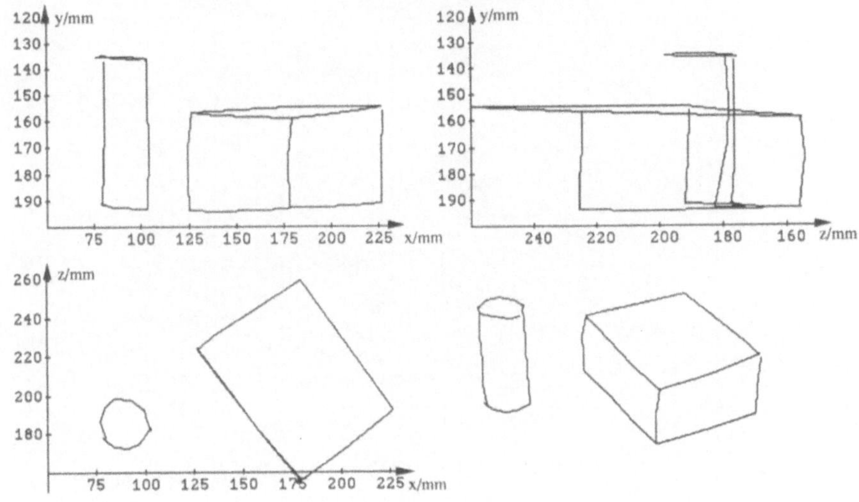

Abbildung 4.10: Graphische Darstellung der berechneten Daten

5   Aktive Stereometrie mit Farbe

In diesem Kapitel wird ein Verfahren vorgestellt, das eine neue Ausprägung der aktiven Stereometrie ist. Neu ist dabei die Verwendung der kontinuierlichen Farbkodierung, die nur im Zusammenhang mit der aktiven Stereometrie sinnvoll ist. Zur Durchführung einer Messung wird mit zwei Farb-Kameras eine Aufnahme von der Szene gemacht, die mit einem Farbstreifenmuster beleuchtet wird. Die Korrespondenzsuche wird dadurch vereinfacht, daß Punkte gleicher Helligkeit und Farbe als Korrespondenzpunkte betrachtet werden können. Im Idealfall ist diese Zuordnung eindeutig, da sich eine eventuelle Farbänderung durch Objekte in beiden Kameras in gleicher Weise auswirkt. Auf diese Weise wird die Einschränkung bei der farbkodierten Streifenbeleuchtung kompensiert, daß in der Szene nur Objekte mit vorwiegend neutralen Farben vorkommen dürfen.

In den folgenden Kapiteln wird dieses Verfahren in Theorie und Praxis beschrieben. Dazu werden zunächst in einer Zusammenfassung die Grundlagen der Farbverarbeitung mit Computer-Sichtsystemen vorgestellt. Danach wird das Verfahren der aktiven Stereometrie mit Farbe im Detail beschrieben. Es kommen grundsätzliche Überlegungen zur Sprache bzw. es werden wesentliche Designentscheidungen motiviert. Abschließend wird anhand von experimentellen Ergebnissen die Funktionsfähigkeit des Meßverfahrens nachgewiesen bzw. ein quantitativer Nachweis der Leistungsfähigkeit geführt.

5.1   Grundlagen

Grundlage der aktiven Stereometrie mit Farbe ist die rechnergestützte Verarbeitung von Farben. Dieses Kapitel behandelt daher zunächst einige Aspekte der Farbmetrik, die zum Grundverständnis des Farbensehens und für die Verarbeitung von Farbinformationen von Bedeutung sind. Es werden farbmetrische Grundbegriffe, wie der Farbenraum, das Farbdreieck sowie die Normfarbtafel vorgestellt. Da die aktive Stereometrie direkt von der Reflexion der Energie in der Szene abhängt, wird noch auf das dichromatische Reflexionsmodell eingegangen. Abschließend werden die Probleme realer Farbkameras vorgestellt.

5.1.1   Farbmetrik

Diese Zusammenfassung beschränkt sich auf die Teile, die für das vorgestellte Verfahren von Bedeutung sind. Weitere ausführlichere Informationen über Farbmodelle sind in [Foley 83] sowie [Fellner 88] zu finden, während die physiologischen Grundlagen des Farbsehens in [Gershon 85] oder auch [Marr 82] eingehend diskutiert werden.

5.1.1.1   Die Beschreibung von Farbe

Die Farbe eines Objektes hängt nicht nur von dem Objekt selber ab, sondern auch von der Lichtquelle, die es beleuchtet und von der (menschlichen) Wahrnehmung. Manche Objekte reflektieren Licht (z.B. Wände, Papier), während andere das Licht durchlassen (z.B. Glas). Wenn beispielsweise rotes Licht benutzt wird, um eine Oberfläche zu beleuchten, die nur blaues Licht reflektiert, erscheint die Oberfläche schwarz. Ebenso erscheint eine grüne Oberfläche schwarz, wenn sie durch ein Filter betrachtet wird, das nur rotes Licht durchläßt [Foley 83].

Die subjektive Wahrnehmung von Farben unterscheidet zwischen drei Größen : „Farbe", „Sättigung" und „Helligkeit". Hierbei bezeichnet Farbe (*hue*) den Farbton z.B. rot, gelb oder blau, während sich Sättigung (*saturation, purity*) auf die Reinheit bezieht, d.h. wie stark die Farbe mit weiß vermischt ist, wodurch sich beispielsweise rot von rosa unterscheidet. Die Helligkeit (*luminance, brightness*) gibt die Intensität einer Farbe an, unabhängig von Farbe und Sättigung. Vergleichbar ist dies mit den verschiedenen Graustufen eines S/W-Fernsehers.

Objektiv läßt sich Farbe nur physikalisch bzw. physiologisch beschreiben, wobei Licht als eine elektromagnetische Strahlung behandelt wird, die eine bestimmte Spektralverteilung des sichtbaren Spektrums aufweist, das von violett über indigo, blau, grün, gelb, orange bis rot reicht. Das wahrgenommene Licht kann durch das Tripel „dominante Wellenlänge", Sättigung und Helligkeit repräsentiert werden. Die Komponenten dieses Tripels sind folgendermaßen zu interpretieren : „Dominante Wellenlänge" ist die Wellenlänge der Farbe, die wir sehen, entspricht also der subjektiven Definition von „Farbe". Die Reinheit korrespondiert mit der Sättigung einer Farbe und „Luminanz" ist die Stärke des Lichtes, bei Schwarz/Weißtönen ist dies gleichbedeutend mit der Intensität. Eine Farbe mit 100% Reinheit enthält demnach kein weißes Licht, während weißes Licht und alle Grautöne zu 0% gesättigt sind.
Abbildung 5.1 zeigt eine der unendlich vielen Spektralverteilungen, die eine bestimmte Farbe hervorruft. Die dominante Wellenlänge ist durch die Spitze gekennzeichnet und besitzt eine energetische Stärke von e_2. Weißes Licht wird durch die gleichmäßige Energieverteilung e_1 dargestellt. Die Reinheit der Farbe hängt von dem Verhältnis zwischen e_1 und e_2 ab. Ist $e_1 = e_2$, so ist die Reinheit gleich Null, ist $e_1 = 0$, so ist sie 100%. Die Luminanz, die man sich als Fläche unter der Kurve (totale Energie) vorstellen kann, ist abhängig von e_1 und e_2. Dies impliziert, daß viele verschiedene Spektralverteilungen dieselbe Farbe ergeben, d.h. sie „sehen" gleich aus. Das menschliche Auge kann daher nicht unterscheiden, ob eine Farbe nur durch eine einzige Wellenlänge oder aus der Überlagerung mehrerer Wellenlängen besteht.

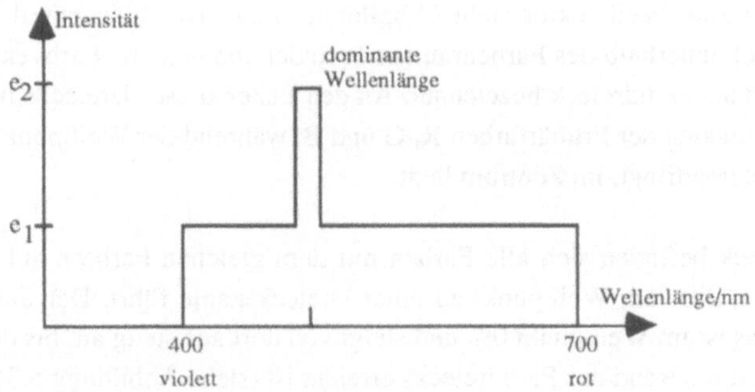

Abbildung 5.1   Beispiel für die Spektralverteilung einer Farbe

5.1.1.2   Der Farbenraum

Mit Hilfe der drei Primärfarben Farben rot, grün und blau lassen sich prinzipiell alle Farben durch (additive) Mischung erzeugen. Werden die Primärfarben als Achsen eines dreidimensionalen kartesischen Koordinatensystemes betrachtet, kann damit ein Farbenraum definiert werden, der in Abbildung 5.2a durch einen Einheitswürfel repräsentiert wird. Innerhalb dieses Raumes ist jede Farbe als Vektor, der vom Ursprung (Schwarzpunkt) dieses Farbkoordinatensystems ausgeht, darstellbar. In dieser Darstellung repräsentiert die Richtung des Vektors den Farbton und seine Länge die Farbhelligkeit. Die Diagonale des Farbkoordinatensystems bestimmt die Ausrichtung des sogenannten Weißvektors, der abhängig von seiner Länge, alle Grautöne von schwarz bis hellweiß repräsentiert [Jackél 91].

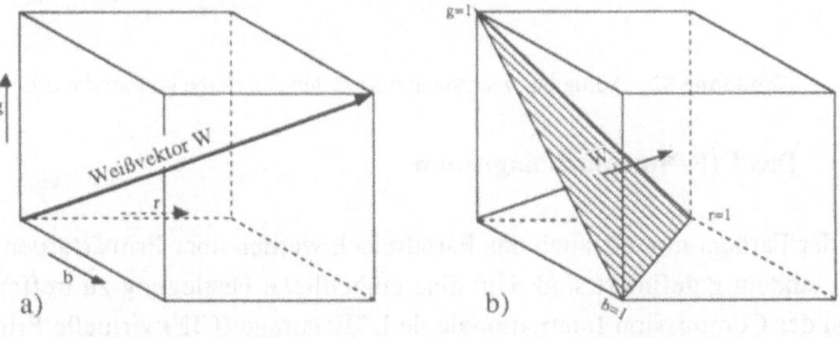

Abbildung 5.2   a) RGB-Farbenraum   b) Farbdreieck

In der Regel kann davon ausgegangen werden, daß sich Farben vorwiegend nach ihrem Farbton unterscheiden lassen und weniger nach ihrer Helligkeit. Aufgrund dieses Sachverhaltes wird vielfach eine anschaulichere Repräsentationsform gewählt, die sich direkt aus dem Farbenraum entwickeln läßt. Dazu wird eine Schnittebene betrachtet,

die senkrecht zum Weißvektor steht (Abbildung 5.2b). Der Flächenteil der Schnittebene, der sich innerhalb des Farbenraumes befindet und den alle Farbvektoren durch-
dringen, wird als Farbdreieck bezeichnet. An den Ecken dieses Dreiecks befinden sich
die Farbkoordinaten der Primärfarben R, G und B, während der Weißpunkt W, den der
Weißvektor durchdringt, im Zentrum liegt.

Im Farbdreieck befinden sich alle Farben mit dem gleichen Farbton auf der Verbindungsgeraden, die vom Weißpunkt zu einer Dreieckskante führt. Der Sättigungswert
eines Farbtons ist im Weißpunkt 0% und steigt von dort aus stetig an, bis der maximale
Sättigungswert am Rand des Farbdreiecks erreicht ist (siehe Abbildung 5.3).

Anhand des Farbdreiecks läßt sich auch der Begriff der Komplementärfarbe leicht
veranschaulichen. Komplementärfarben sind Farbenpaare, die gemischt die Farbe weiß
ergeben. Innerhalb des Farbdreiecks befindet sich die Komplementärfarbe auf der
gleichen Farbtongeraden, die durch den Mittelpunkt des Farbdreiecks verläuft
(Abbildung 5.3). Beispiele sind die zu den Primärfarben rot, grün und blau komplementären Farben cyan, magenta und gelb.

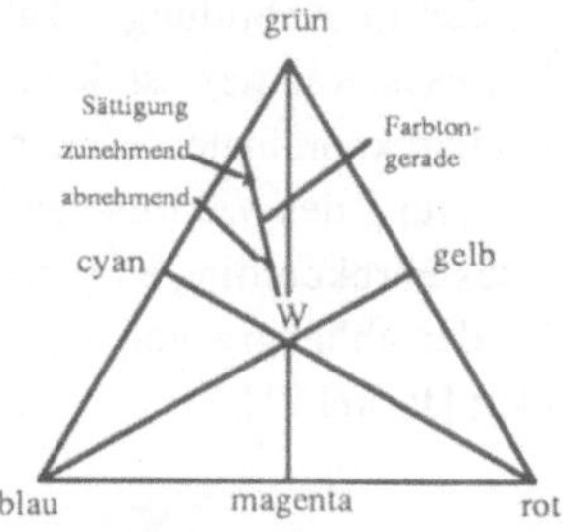

Abbildung 5.3   Sättigung, Farbton und Komplementärfarbe im Farbdreieck

5.1.1.3   Das CIE-Normfarbdiagramm

Sowohl der Farbenraum als auch das Farbdreieck werden über Primärfarben definiert,
die nicht eindeutig definiert sind. Um eine einheitliche Festlegung zu treffen, wurden
1931 von der Commission Internationale de L´Éclairage (CIE) virtuelle Primärfarben
X, Y und Z definiert, die nicht im Sonnenlichtspektrum enthalten sind und somit physikalisch nicht erzeugbar sind. Dies sind reine Rechengrößen, mit denen jedoch jede
Spektralfarbe durch Mischung der X-, Y- und Z-Anteile definierbar ist. Negative Farbwerte, die beispielsweise bei der experimentellen Bestimmung von Farbmischkurven
auftreten, lassen sich hiermit vermeiden.

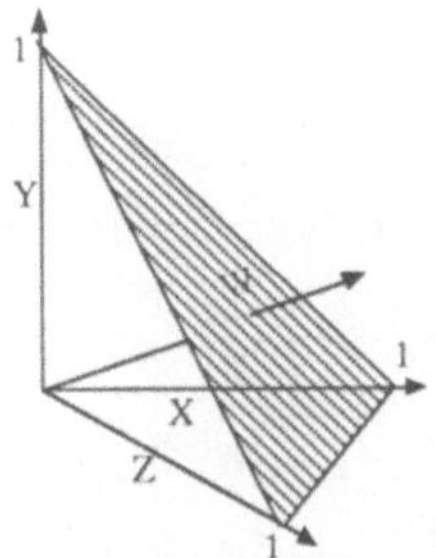

Abbildung 5.4   Normfarbdreieck

Das Normfarbdreieck wird nun entsprechend dem Farbdreieck durch die Ebene definiert, die die drei Achsen des XYZ-Koordinatensystems an den Stellen X=1, Y=1 und Z=1 schneidet (Abbildung 5.4). Ein im XYZ-Koordinatensystem befindlicher Farbort wird auf den Punkt [x,y,z] der Normfarbdreiecksebene abgebildet. Die Abbildungstransformation erfolgt nach den Gleichungen

$$x = \frac{X}{X+Y+Z} \qquad y = \frac{Y}{X+Y+Z} \qquad z = \frac{Z}{X+Y+Z} \tag{5.1}$$

woraus x+y+z = 1 folgt. Die so erhaltenen Farbwerte hängen nur von der dominanten Wellenlänge und der Sättigung ab, während sie unabhängig von der Intensität sind. Aus Gleichung 5.1) folgt, daß sich jeder Farbwert innerhalb des Normfarbdreiecks durch Angabe der x- und y-Koordinaten bestimmen läßt. Werden alle sichtbaren Spektralfarben des Sonnenlichtes in das Normfarbdreieck eingetragen, so ergibt sich der in Abbildung 5.5 dargestellte hufeisenförmig gekrümmte Spektralfarbenzug. Seine beiden Enden sind durch die sogenannte Purpurlinie verbunden. Innerhalb der Fläche befinden sich alle physikalisch erzeugbaren Farben.

Mit Hilfe der Normfarbtafel aus Abbildung 5.5 kann nun die dominante Wellenlänge jeder Farbe ermittelt werden. Eine Farbe befinde sich beispielsweise im Punkt A der Abbildung 5.6a. Wenn zwei Farben gemischt werden, so liegt die Mischfarbe auf der Geraden, die beide Farben verbindet. Deswegen kann die Farbe A als Mischung des weißen Lichtes mit einer reinen Spektralfarbe angesehen werden, wobei B die dominante Wellenlänge definiert. Das Verhältnis der Strecken AW zu BW gibt die Reinheit der Farbe A an.

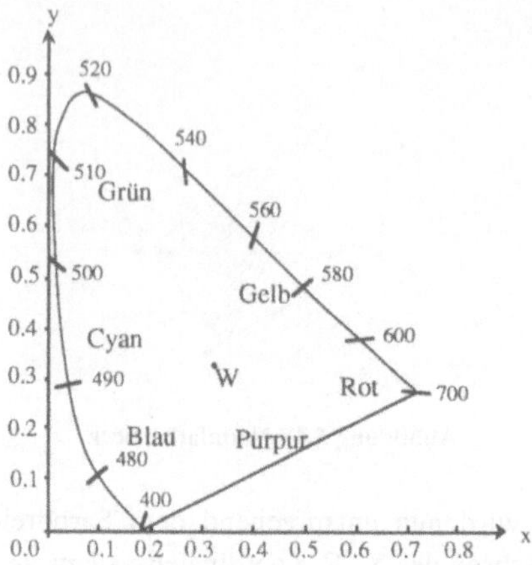

Abbildung 5.5 Spektralfarbenzug des Normfarbdreiecks

Werden drei Farben miteinander gemischt, so können alle Farben erzeugt werden, die innerhalb des von den drei Farben aufgespannten Dreiecks liegen (Abbildung 5.6b). Das Diagramm zeigt auch, daß die Farben rot, grün und blau nicht so gemischt werden können, daß alle sichtbaren Farben erzeugt werden, denn es gibt kein Dreieck dessen Eckpunkte auf dem Spektralfarbenzug liegen und dessen Fläche den gesamten sichtbaren Bereich abdeckt.

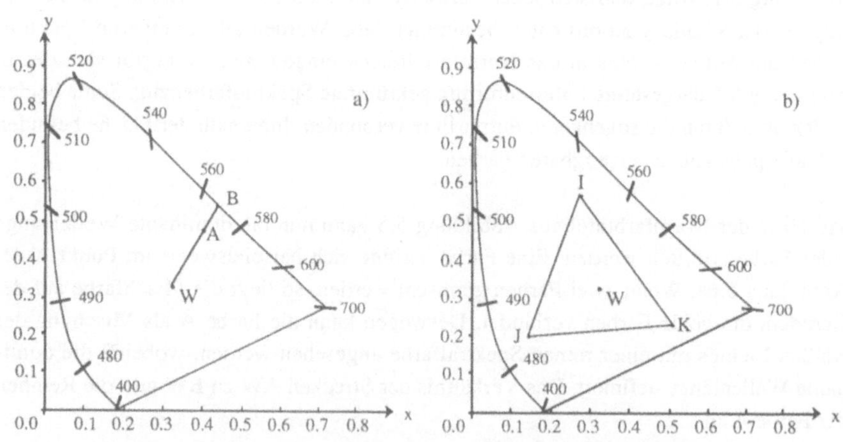

Abbildung 5.6   a) Mischung zweier Farben   b) Mischung dreier Farben

Umgekehrt ist es möglich, eine Farbkamera mit Hilfe von drei Farbfiltern und einer Schwarz/Weiß-Kamera zu simulieren, wobei drei beliebige Farben des CIE-Diagramms als Filter ausgewählt werden können. Üblicherweise werden die Farbfilter rot (622 nm), grün (531 nm) und blau (449 nm) benutzt, da diese einen sehr großen Bereich des sichtbaren Farbspektrums abdecken.

Neben dieser als RGB-Modell bekannten Beschreibungsform von Farben gibt es verschiedene andere, die durch einfache Transformationen ineinander überführt werden können. Für verschiedene Anwendungen, beispielsweise die Fernsehübertragungstechnik oder die Drucktechnik, haben sich unterschiedliche Farbmodelle durchgesetzt. Eine Beschreibung dieser Modelle befindet sich z.B. in [Verch 91].

5.1.1.4 Das dichromatische Reflexionsmodell

Das Verfahren der aktiven Stereometrie mit Farbe ist direkt davon abhängig, daß und wie die in die Szene projizierte Energie von den in der Szene enthaltenen Objekten reflektiert wird. In diesem Kapitel sollen kurz die physikalischen Zusammenhänge und die mathematischen Beschreibungsmöglichkeiten erläutert werden.

Dazu wird das *dichromatische Reflexionsmodell* ([Shafer 85]) eingeführt, das zugleich einfach und allgemein ist. Einen guten Einblick in die physikalischen Grundlagen der spektralen Reflexionseigenschaften von farbigen Körpern geben u.a. [Shafer 85], [Klinker 88] bzw. [Klinker 90].

Das visuell wahrnehmbare Erscheinungsbild eines Körpers resultiert aus der Wechselwirkung des einstrahlenden Lichtes mit der Materie des Körpers. Wahrgenommen wird das vom Körper reflektierte Licht. Dabei können zwei Arten von Reflexionen unterschieden werden:[1]

- Oberflächenreflexion (*surface reflection*) und
- Körperreflexion (*body reflection*).

Ein Teil des einfallenden Lichtes wird direkt an der Oberfläche des Körpers reflektiert. Ist die Oberfläche glatt, dann wird das Licht so reflektiert, daß Einfallswinkel und Ausfallswinkel gleich sind und beide Winkel mit der Oberflächennormalen in einer Ebene liegen (spiegelnde Reflexion). Eine Oberfläche wird als glatt bezeichnet, wenn die Oberflächenstruktur klein gegenüber der Wellenlänge des Lichtes ist. Die Rauheit

---

[1]Das Modell beschränkt sich auf inhomogene Materialien, also auf solche, die aus einer transparenten Trägersubstanz und darin eingebetteten, mit dem Licht wechselwirkenden Pigmenten besteht. Beispiele sind Kunststoff, Papier, Keramik sowie die meisten Anstrichfarben - nicht jedoch Metall. Die Selbststrahlung des Materials muß vernachlässigbar sein.

der Oberfläche führt zu einer mehr oder weniger diffusen Streuung des reflektierten Lichts um die Richtung der ideal spiegelnden Reflexion (siehe Abbildung 5.7). Die Stärke des reflektierten Lichtes im Vergleich zum einfallenden Licht ist abhängig von der Geometrie (Einfallswinkel, Ausfallswinkel, Oberflächenorientierung) sowie von der Wellenlänge des Lichtes. Im Bereich des sichtbaren Lichtes kann jedoch die Wellenlängenabhängigkeit der Oberflächenreflexion für fast alle Materialien vernachlässigt werden, so daß das Spektrum des an der Oberfläche reflektierten Lichtes mit dem Spektrum des einfallenden Lichtes übereinstimmt.

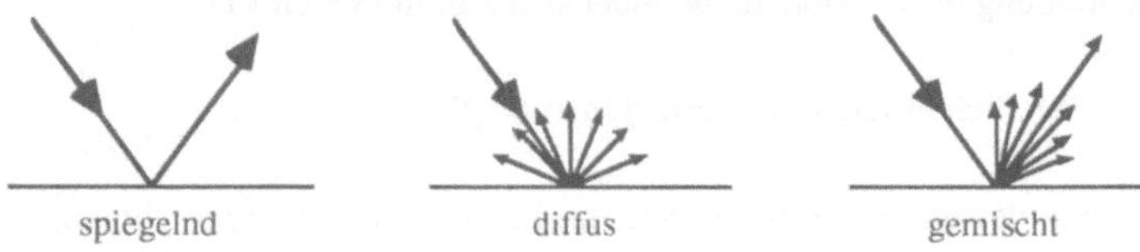

Abbildung 5.7 Oberflächenreflexion (spiegelnd, diffus, gemischt)

Der nicht an der Oberfläche reflektierte Teil des Lichtes dringt in den Körper ein und wird hier durch die Pigmente gestreut und selektiv absorbiert. Dabei gelangt ein Teil der Strahlung zurück an die Oberfläche und tritt wieder aus dem Körper aus. Die Körperreflexion wird durch die Streuungs- und Absorptionseigenschaften sowie durch die Verteilung der Pigmente bestimmt. Im allgemeinen kann von einer zufälligen Verteilung der Pigmente ausgegangen werden, wodurch eine Gleichverteilung der Richtungen des reflektierten Lichtes resultiert. Das Spektrum des auf diese Weise reflektierten Lichtes wird durch die selektiven Absorptionseigenschaften des Materials geprägt. Die zwei Arten der Reflexion veranschaulicht Abbildung 5.8.

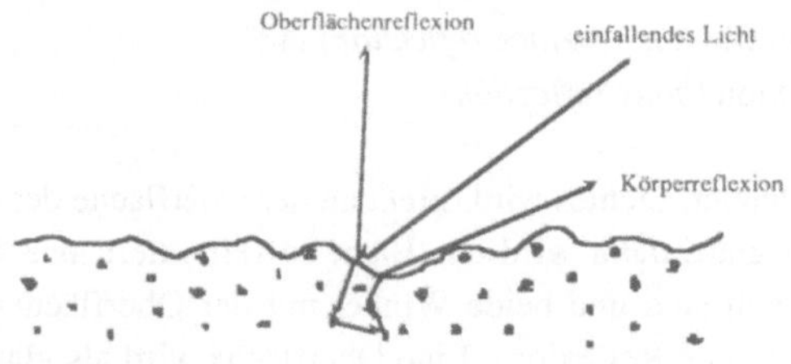

Abbildung 5.8 Oberflächen- und Körperreflexion

Oberflächen- und Körperreflexion überlagern sich an jedem Punkt der Oberfläche additiv, so daß sich für eine bestimmte Wellenlänge λ, Einfallswinkel i, Ausfallswinkel e und Phasenwinkel g (siehe Abbildung 5.9) das reflektierte Licht in die Komponenten Oberflächenreflexion L_s und Körperreflexion L_b zerlegen läßt :

$$L(\lambda,i,e,g) = L_s(\lambda,i,e,g) + L_b(\lambda,i,e,g) \tag{5.2}$$

Da die spektralen Eigenschaften, wie oben erläutert, von der Geometrie sowie vom Ort auf der Oberfläche unabhängig sind, lassen sich L_s und L_b jeweils in einen geometrischen Term m und einen spektralen Term c zerlegen :

$$L(\lambda,i,e,g) = m_s(i,e,g) \cdot c_s(\lambda) + m_b(\lambda,i,e,g) \cdot c_b(\lambda) \qquad (5.3)$$

m_s und m_b bestimmen das Gewicht der jeweiligen Reflexionsart in Abhängigkeit von der jeweiligen Geometrie. c_s und c_b spiegeln die spektralen Eigenschaften des einfallenden Lichts bzw. des Materials wider. Sie geben an, wie stark jede Wellenlänge in der reflektierten Strahlung vertreten ist. In dem unendlichdimensionalen Wellenlängenraum (jede Wellenlänge definiert eine eigene Dimension [Klinker 90]), können c_s und c_b als Punkte oder Vektoren aufgefaßt werden, d.h. das reflektierte Licht kann als Linearkombination der beiden Vektoren $c_s(\lambda)$ und $c_b(\lambda)$ beschrieben werden.

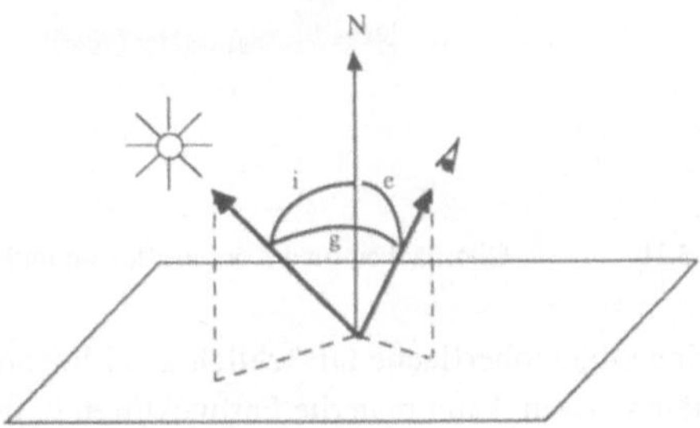

Abbildung 5.9   Beleuchtungsgeometrie: Einfallswinkel i, Ausfallswinkel e, Phasenwinkel g,
Oberflächennormale N

Bei der Aufnahme eines Farbbildes mit Hilfe einer Kamera wird die wellenlängenabhängige Information des Bildes durch drei Farbkanäle (rot, grün, blau) repräsentiert. Der unendlichdimensionale Wellenlängenraum reduziert sich dann auf einen diskreten dreidimensionalen Farbraum (RGB-Raum). Shafer zeigt, daß das dichromatische Reflexionsmodell auch im RGB-Raum seine Gültigkeit behält. c_s und c_b können deshalb als RGB-Vektoren betrachtet werden.

Werden die Farbwerte auf einer zusammenhängenden homogenen Oberfläche betrachtet, so fallen laut Reflexionsmodell alle Werte in das durch die Farbvektoren c_s und c_b im Farbenraum aufgespannte Parallelogramm. Abbildung 5.10 zeigt schematisch die Farbwerte für eine gleichmäßig gekrümmte Oberfläche (z.B. Zylinder). Aufgrund der wechselnden Oberflächenorientierung variiert die Intensität der reflektierten Strahlung. Die c_s-Komponente ist für die meisten Farbwerte gering. Nur in einem engbegrenzten Bereich auf der Oberfläche stimmt die Betrachtungsrichtung gut mit der Richtung idealer Oberflächenreflexion überein. Die in diesem Bereich zu beobachtenden Farbwerte besitzen eine starke c_S-Komponente. Bereiche in denen die Oberflächenreflexion aufgrund der geometrischen Bedingungen größer als die Körperreflexion ist, werden als Glanzlichter bezeichnet. Wie aus dem Modell ersichtlich ist, wird für Glanzlichter eine Verschiebung des gemessenen Spektrums von der körpereigenen Farbe hin zur Farbe der Beleuchtung festgestellt.

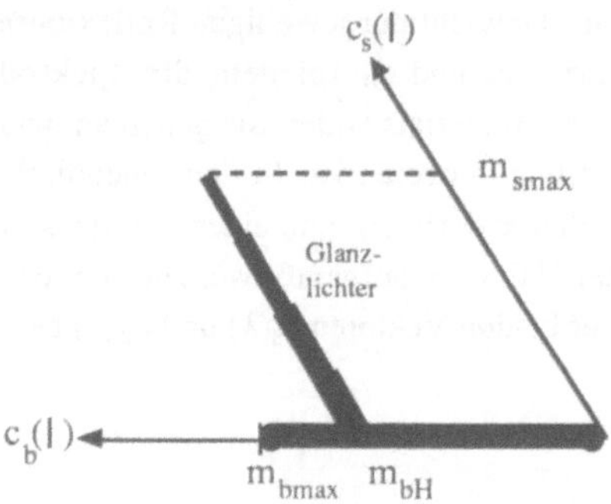

Abbildung 5.10   Oberflächen- und Körperreflexion im Farbenraum

Beobachtet man für eine Objektoberfläche tatsächlich zwei lineare Ballungen, die sich durch das Modell erklären lassen, kann man die Farbvektoren c_S und c_b bestimmen und durch Projektion der Farbwerte auf diese Vektoren zwei neue Bilder gewinnen, die zum einen die Oberflächenreflexion und zum anderen die Körperreflexion wiedergeben. Algorithmen zur Erkennung von Glanzlichtern beschreiben z.B. [Klinker 88] und [Gershon 87].

5.1.1.5 Probleme realer Farbkameras

Im vorigen Kapitel wurde die Lichtreflexion mit einem theoretischen, physikalischen Modell vorgestellt. Jedoch werden die betrachteten Farben zusätzlich durch die aufnehmende Kamera beeinflußt. In diesem Abschnitt wird kurz der Einfluß realer Kameras auf die Bilddaten beschrieben. Eine detaillierte Beschreibung anhand von Farbfotos realer Szenen kann in [Klinker 88] gefunden werden. Zusätzlich zu den hier aufgeführten Problemen sind bei CCD-Kameras weitere Fehlerquellen zu berücksichtigen, deren Ursachen bei der verwendeten Optik (Linsenverzerrungen, Fehlausrichtungen) bzw. Elektronik (Temperatureffekt) liegen. Eine Aufzählung und Untersuchung dieser Fehlerquellen, die mitunter einen nicht vernachlässigbaren Einfluß auf die Entfernungsberechnung haben, erfolgt u.a. in [Ottink 90].

Spektralintegration (*spectral integration*)

Das dichromatische Reflexionsmodell beschreibt die Lichtreflexion unter Ausnutzung des gesamten Lichtspektrums. Anstatt Auswertungen im unendlichen Wellenlängenraum durchzuführen, ist es sinnvoller, das Lichtspektrum zu filtern und über dem gefilterten Spektrum zu integrieren. Durch die Verwendung dreier Filter (rot, grün, blau) wird der unendliche Wellenlängenraum in einen dreidimensionalen Farbraum transformiert.

Farbschnitte (*color clipping*)

Reale Kameras können nur in einem begrenzten Intervall Farbintensitäten unterscheiden. Der Farbenraum wird auf einen Farbwürfel begrenzt, dessen Kanten die Unter- und Obergrenzen des jeweiligen Farbbandes markieren. Ist das eintreffende Licht zu hell, kann die Kamera dies nicht mehr messen bzw. angemessen repräsentieren. Dieser Effekt kann in einem, zwei oder in allen drei Farbkanälen auftreten, je nach Farbe des Lichtes. Problematisch wird dies bei Glanzlichtern, die häufig in allen drei Kanälen ein zu helles Licht abstrahlen. Die Kamera liefert hierbei ein weißes Pixel, obwohl die tatsächliche Farbe des in die Kamera eintreffenden Lichtes nicht unbedingt weiß sein muß.

Sensorsättigung (*blooming*)

Bei CCD-Kameras kann zu helles einfallendes Licht das betreffende Sensorelement vollständig sättigen, so daß elektrische Ladungen auf benachbarte Sensorelemente übergreifen und deren Meßwerte erhöhen. Dadurch ergeben sich ausgeweitete Weißflächen in einem Kamerabild. Aufgrund der eingebauten Pixelglättung in den CCD-Kameras wird dieser Effekt noch verstärkt. Aus diesem Grund ist es empfehlenswert, Pixel, deren Helligkeiten in den oberen 10% der Intensitätsskala liegen, nicht in die Farbauswertung mit einzubeziehen [Klinker 88].

Farbabgleich (*color balancing*)

S/W-CCD-Kameras sind in der Regel gewöhnlich weniger empfindlich gegenüber blauem und rotem Licht. Dadurch ist das Signal/Rausch-Verhältnis in diesen Wellenlängenbereichen kleiner als im grünen Bereich. Um dieses Problem zu umgehen, ist es erforderlich, jeden Farbkanal geeignet zu skalieren. Eine einfache Multiplikation der Farbe mit einem konstanten Faktor vergrößert nicht das Intervall unterscheidbarer Intensitäten des Farbkanals und verbessert damit auch nicht die Qualität der Farbbilder. Stattdessen sollte der Farbabgleich während der Bildaufnahme für jeden Kanal separat erfolgen (z.B. hellere Beleuchtung oder größere Blende). Weiterhin sind CCD-Kameras sehr empfindlich gegenüber infrarotem Licht. Da die meisten Farbfilter im infraroten Bereich fast durchlässig sind, kann es zu einem signifikanten Meßfehler (*wash out*) in den Farbkanälen kommen. Um dies zu umgehen, muß zusätzlich ein IR-Filter verwendet werden.

Farbabweichung (chromatic aberration)

Da der Brechungsindex von optischen Linsen von der Wellenlänge abhängig ist, erhöht sich die Brennweite mit steigender Wellenlänge. Die Folge ist, daß nur ein Farbkanal genau fokussiert werden kann. Die anderen beiden Farbkanäle zeigen ein leicht unscharfes oder kleineres Bild der Szene. Dieser Effekt, der sich besonders in den äußeren Bildzonen bemerkbar macht, hängt stark von der Qualität des Objektivs ab.

Abschließend ist noch hinzuzufügen, daß jeder der Sensoren einer Farbkamera im roten, grünen und blauen Bereich nicht nur über eine einzige Wellenlänge abtastet, sondern über ein Frequenzband des optischen Spektrums integriert. Daher ist eine vollständige Trennung der Kanäle nicht gewährleistet, kann aber in den meisten Fällen vernachlässigt werden, so daß mit drei unabhängigen Kanälen operiert werden kann [Bartsch 88].

5.1.2 Beschreibung des Verfahrens

In diesem Kapitel wird das Verfahren der aktiven Stereometrie mit Farbe im Detail beschrieben.

Auswahl eines Farbmusters

In Kapitel 3.2 wurde gezeigt, daß bei der Verwendung von mehreren Streifen in der Beleuchtung die einzelnen Streifen kodiert werden müssen. Es wurden einige unterschiedliche Kodierungsmöglichkeiten vorgestellt. In diesem Abschnitt wird die folgerichtige Fortentwicklung der diskreten farbkodierten Streifenbeleuchtung, die kontinuierliche Farbbeleuchtung vorgestellt.

Da das hier vorgestellte Verfahren nach dem Prinzip der aktiven Stereometrie arbeitet, ist bei der Wahl des Farbmusters ein größerer Spielraum gegeben. Insbesondere besteht nicht der Zwang, den Farbcode im Bild der Szene zu identifizieren, was bei Farbveränderung durch Objekte erhebliche Probleme bereitet. Dies war bei der in Kapitel 3.2.4 vorgestellten farbkodierten Streifenbeleuchtung notwendig, da sie nur mit einer Kamera arbeitete. Es sind prinzipiell zwei verschiedene Realisierungen des Farbmusters denkbar, die im folgenden diskutiert werden sollen:

- möglichst großer Kontrast benachbarter Steifen (kontrastierte Beleuchtung)
- kontinuierliche Übergänge zwischen den Streifen (kontinuierliche Beleuchtung)

Abbildung 5.11 zeigt schematisch für einen Abschnitt des Farbmusters ein Beispiel für den Verlauf der Helligkeit einer Farbkomponente für die beiden Varianten. Im ersten Fall ist die Unterscheidbarkeit der Farbstreifen bei kontinuierlicher Entfernungsänderung besonders groß, während bei Sprüngen, also an Objektkanten, die Situation auftreten kann, daß der Kontrast zwischen den Streifennachbarn gering wird. Im zweiten Fall ist generell der Kontrast gering, aber gerade an Objektkanten groß [Knoll 90].

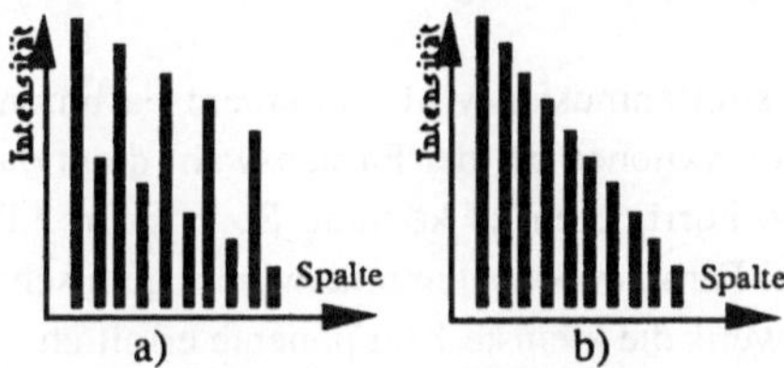

Abbildung 5.11   a) kontrastierte b) kontinuierliche Beleuchtung

Bei Kontrast zwischen benachbarten Kamerapixeln können subpixelgenaue Betrachtungen vorgenommen werden. Die Berechnung mit Subpixelgenauigkeit ist bei der Verwendung kontrastierter Beleuchtung nur möglich, wenn ein Lichtstreifen eine Mindestbreite im Kamerabild erreicht. Durch diese Voraussetzung wird die Gesamtanzahl der möglichen Kodierungen herabgesetzt. Der entscheidende Vorteil der kontinuierlichen Beleuchtung ist, daß im Prinzip ideal dünne Streifen erzeugt werden können. Diese Eigenschaft ermöglicht es, daß eine beliebig hohe Auflösung erreicht werden kann, die nur durch die Auflösungsbegrenzung der verwendeten Kameras eingeschränkt ist.

Je größer der Kontrast benachbarter Farbstreifen des Musters ist, desto genauer läßt sich auch der gesuchte Korrespondenzpunkt bestimmen. Der geringe Kontrast ist daher ein prinzipieller Nachteil der kontinuierlichen Beleuchtung.

Optimale Ergebnisse könnten mit kontrastierten Farbstreifen erzielt werden, wenn jeder projizierte Streifen genau einer Pixelbreite im Kamerabild entsprechen würde. Da dies geometrisch nicht realisierbar ist, werden entweder mehrere benachbarte Streifen auf ein Pixel abgebildet, oder ein zu breiter Streifen erstreckt sich über mehrere Pixel. In beiden Fällen geht der Kontrast im Kamerabild verloren.

Die Beleuchtung der Szene mit dem Streifenmuster erfolgt durch einen einfachen Diaprojektor, der auf die zu betrachtende Szene gerichtet wird. Da ein Diaprojektor nur auf einen bestimmten Entfernungsbereich fokussiert werden kann, überlagern sich die Lichtebenen benachbarter Streifen, die außerhalb dieses Bereiches liegen, und werden unscharf abgebildet, wodurch ebenfalls der erwünschte Kontrast verloren geht. Das Problem der Überlagerung der Lichtebenen tritt selbstverständlich auch bei kontinuierlicher Beleuchtung auf. Die Auswirkungen dieses Effektes können jedoch durch eine Bildglättung eliminiert werden. Im folgenden wird daher nur auf die Gestaltung eines Musters mit kontinuierlichen Farbstreifen eingegangen. Es muß betont werden, daß die kontinuierliche Beleuchtung nicht in einem aktiven Triangulationsverfahren eingesetzt werden kann, denn eine Identifizierung der Streifen ist wegen möglicher Farbveränderungen durch die Szene praktisch unmöglich.

Das Dia mit dem Farbstreifenmuster wird von einem Farbmonitor abphotographiert. Die Einführung von Restriktionen bei der Farbauswahl dient dazu, gemessene Farben später überprüfen bzw. korrigieren zu können. So können z.B. in einer Lichtebene immer nur zwei der drei Farbkomponenten miteinander gemischt werden. Bei der Farbkorrektur wird dann jeweils die kleinste Komponente ermittelt und auf Null gesetzt. In einer weiteren Variante können die Farbkomponenten so gemischt werden, daß zusätzlich zur o.g. Restriktion die Summe der Helligkeiten der Mischung immer konstant ist. Bei der Farbkorrektur wird dann die jeweils kleinste Komponente ermittelt und auf Null gesetzt, während die beiden anderen Komponenten anteilig so korrigiert werden, daß ihre Summe die Vorgabe ergibt.

Abbildung 5.12 zeigt die einzelnen Intensitäten der drei Grundfarben rot, grün und blau beider Varianten und das zugehörige kontinuierliche Farbmuster, das sich aus der Mischung der drei Komponenten ergibt. Da sich in den Voruntersuchungen herausstellte, daß der Rotauszug von den verwendeten Kameras am besten wiedergegeben wird, liegt das Maximum des Rotanteils in der Mitte des Farbkodes.

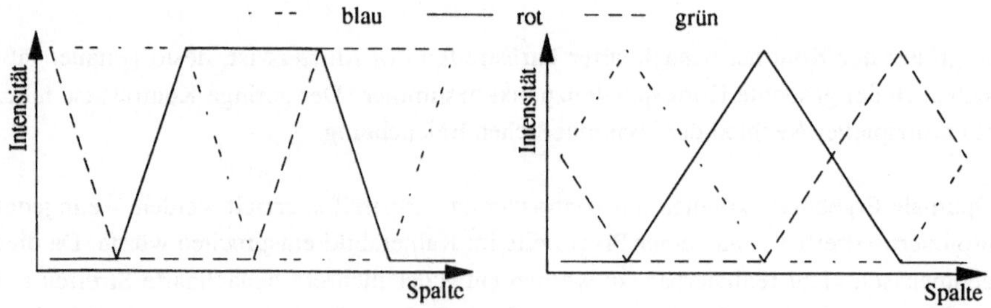

a) Intensitäten der Farbkomponenten blau, rot und grün

b) resultierendes kontinuierliches Farbmuster von a)

Abbildung 5.12   verwendete Farbspektren

Farbmuster 1 (links): mindestens eine Farbkomponente ist Null

Farbmuster 2 (rechts): zusätzlich ist die Summe der Intensitäten konstant

Mit der verwendeten Videokarte lassen sich die Farbmuster auf einem Farbmonitor mit einer maximalen Auflösung von 512·512 Bildpunkten darstellen, d.h. das abphotographierte Muster kann maximal aus 512 verschiedenen Farbstreifen bestehen. Andererseits lassen sich maximal 256 verschiedene Intensitäten jeder Farbkomponente erzeugen. Unter Ausnutzung aller Intensitäten pro Anstieg der einen bzw. Abfall der anderen Komponente würden die beiden Farbmuster in Abbildung 5.12 aus 3·256 = 768 senkrechten verschiedenfarbigen Farbstreifen bestehen. Um die Muster auf dem Farbmonitor darzustellen, werden also nur 512/3 = 170 der 768 möglichen Intensitäten verwendet, wodurch sich der Farbunterschied benachbarter Streifen erhöht. Um nun einen noch größeren Kontrast zu erzielen, wird das Muster mehrfach nebeneinander dargestellt. Bei zweifacher Darstellung ist ein Teilmuster nur noch halb so groß, während der Helligkeitsunterschied benachbarter Streifen der beiden geänderten Farbkomponenten doppelt so groß im Gegensatz zur einfachen Darstellung ist. Damit bei der Korrespondenzsuche der Streifen des richtigen Teilmusters gefunden wird, werden die Farbstreifen so gewählt, daß jedes Teilmuster geringfügig verschiedene Farben beinhaltet. Dies ist möglich, da ja nicht alle 256 Intensitäten jeder Komponente benötigt werden. Neben der Verwendung anderer Farben für die Teilmuster besteht die Möglichkeit, ein Teilmuster zu spiegeln. Bei Betrachtung mehrerer benachbarter Pixel lassen sich Pixelsequenzen des gespiegelten Teilmusters gut von den nicht gespiegelten unterscheiden. Benachbarte Farbstreifen mit steigender Intensität weisen im gespiegelten Muster eine fallende Intensität auf.

Im Prinzip sind auch andere Farbcodierungen möglich, die kontinuierlich sind und eine eindeutige Verteilung aufweisen. Beispielsweise könnte statt der dreieckigen Form eine Sinusform für den Intensitätsanstieg der Farbkomponenten verwendet werden.

Bei den verwendeten RGB-Kameras erwies es sich als nützlich, neben dem automatischen Weißabgleich die automatische Verstärkungsregelung (AGC) zu verwenden. Da der automatische Weißabgleich der Kameras sich nach den hellsten Punkten eines Bildes richtet, wurde zusätzlich am linken bzw. rechten Rand des Farbmusters ein schmaler, maximal heller, weißer Streifen auf dem Monitor generiert und mit abphotographiert. Diese weißen Streifen werden ebenfalls auf die Szene projiziert. Sie liefern ein Maß für die maximale Beleuchtungsstärke bzw. ein Meßnormal für die Stärke der einzelnen Farbauszüge. Diese Vorgehensweise kompensiert automatisch die von Monitor, Farbfilm, Diaprojektor und Objekt ausgehenden Farbveränderungen, wenn der weiße Streifen auf das farbverändernde Objekt projiziert wird.

Versuchsanordnung

Für die Beleuchtung der Szene mit dem Farbkode wird ein einfacher Diaprojektor verwendet. Im Projektor befindet sich ein Farbdiapositiv des von einem Farbbildschirm abphotographierten Farbmusters. Das so abphotographierte Muster hat den Nachteil, daß die Rasterung des Bildschirmes auf die Szene projiziert wird. Allerdings ist bei genügend großem Abstand einer Kamera von einem derart beleuchteten Ort die Auflösung der Kamera klein genug, um im Kamerabild eine einzige Farbe zu repräsentieren. Ein weiteres Problem stellt die exakte Fokussierung des Diaprojektors dar, da es nicht möglich ist, das projizierte Muster auf dem gesamten Entfernungsbereich des Meßtisches (20...80 cm) scharf einzustellen. Um die Auswirkungen dieses Effekts möglichst gering zu halten, wird das Muster auf einen mittleren Entfernungsbereich (z.B. 50 cm) fokussiert. Dadurch überlagern bzw. überschneiden sich benachbarte Lichtebenen der Projektion. Beide Kamerabilder zeigen selbstverständlich dieselben Veränderungen, d.h. die Korrespondenzsuche wird bei kontinuierlicher Beleuchtung durch eine (leicht) unscharfe Projektion nicht wesentlich beeinträchtigt.

Zur Aufnahme der Bilder wird der Diaprojektor hinter den beiden Kameras plaziert, und zwar derart, daß die gesamte auszumessende Szene mit dem Farbmuster beleuchtet wird. Die Anordnung der Kameras und des Diaprojektors unterliegt bestimmten geometrischen Bedingungen. Nur wenn die optischen Achsen der Kamera und des Projektors in einer Ebene liegen, ist das Bild einer Lichtebene innerhalb einer epipolaren Linie eineindeutig. Wird gegen dieses Prinzip verstoßen, beispielsweise, wenn der Projektor wie in Abbildung 5.13 die Szene von schräg oben beleuchtet, kann die Situation auftreten, daß ein projizierter Streifen innerhalb einer epipolaren Linie mehrfach auftritt.

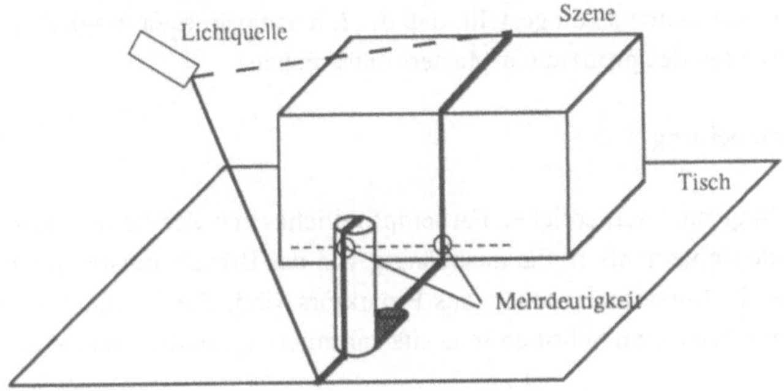

Abbildung 5.13:   Mehrdeutigkeit eines Lichtstreifens innerhalb einer epipolaren Linie.

Weiterhin muß das projizierte Farbmuster möglichst senkrecht auf den Epipolarlinien liegen, da sich sonst bei einer hohen Pixelauflösung der Kamera ein Farbstreifen über mehrere Pixel erstreckt und damit die Forderung nach der Eineindeutigkeit der Farbe innerhalb einer Epipolarlinie verletzt wird. Derselbe Effekt tritt auf, wenn die Lichtebenen nicht dünn genug sind, d.h. wenn die Farbstreifen breiter sind als ein Kamerapixel. Hinzu kommt, daß nicht ideal dünne Lichtstreifen an Oberflächen, die nahezu parallel zur Lichtebene liegen, verbreitert werden. Durch Heranrücken des Projektors an die Szene läßt sich die Breite der projizierten Lichtstreifen verringern.

Aufnahme der Bilder

CCD-Kameras reagieren, wie oben beschrieben, unterschiedlich sensitiv auf die drei Farbbänder. Die verwendeten Kameras haben zusätzlich (je nach Blendeneinstellung) unterschiedliche Farbempfindlichkeiten. Hieraus ergibt sich das Problem, wie zu einem Farbpunkt im rechten Bild der richtige Korrespondenzpunkt ausgewählt werden kann, wenn beide Kameras unterschiedliche Farbwerte für gleiche Szenenpunkte liefern.

Um beide Probleme zu umgehen, wird eine Farbkorrektur vorgenommen, die unabhängig von der Blendeneinstellung der Kameras ist. Der Erfolg der Farbkorrektur hängt entscheidend von der Qualität der Aufnahmen ab. Bei zu weit geöffneter Blende wird die Sensorfläche der Kamera teilweise übersättigt. Bei zu weit geschlossener Blende wird nur ein kleiner Intensitätsbereich der Kamera ausgenutzt, wobei viele (meßbar) unterschiedlich helle Szenenpunkte auf eine gleiche Helligkeitsstufe gesetzt werden. Bei beiden fehlerhaften Einstellungen tritt ein Informationsverlust auf, der dazu führt, daß der tatsächliche Farbverlauf nur teilweise rekonstruiert werden kann. Für die Bestimmung der optimalen Blendeneinstellung wurde ein „Aussteuerungsscanner" implementiert, der für eine ausgewählte Bildschirmzeile in (nahezu) Echtzeit den Grauwertverlauf der Farbauszüge anzeigt ([Verch 91]). Anhand dieser Grauwertverläufe kann die Güte der Aufnahmen beurteilt werden. Die Blenden werden vor der eigentlichen Aufnahme so eingestellt, daß die Intensitätskurven möglichst den jeweiligen Farbverläufen des projizierten Musters entsprechen

Bildvorverarbeitung

Zur Anpassung unterschiedlicher Farbempfindlichkeiten der beiden Kameras wurde eine Methode implementiert, die unabhängig von der Blendeneinstellung der Kameras und von der Helligkeitsverteilung des Projektors sind. Sie besteht aus den drei im folgenden beschriebenen Schritten Intensitätsnormierung, Farbkorrektur und Glättung.

Im ersten Schritt findet zur Intensitätsnormierung eine stückweise lineare Skalierung (vgl. [Klette 92]) statt. Die Bearbeitung der Kamerabilder erfolgt unter Berücksichtigung der epipolaren Geometrie zeilenweise und unabhängig voneinander. In jeder Zeile wird für jede Farbkomponente j getrennt das Intensitätsmaximum $u_2(j)$ sowie das Intensitätsminimum $u_1(j)$ ermittelt. Sei x die Bildspalte des betrachteten Pixels und $I(j; x)$ die Helligkeit einer betrachteten Farbkomponente. Die neue Helligkeit des Farbauszuges berechnet sich zu:

$$I(j; x) = \frac{I(j; x) - u_1(j)}{u_2(j) - u_1(j)} \cdot 255 \qquad\qquad j \in (\text{rot, grün, blau})$$

Die resultierenden Farbbilder nutzen den ganzen verfügbaren Farbraum aus. Das Pixel mit der maximalen Helligkeit jeder Zeile des linken Bildes korrespondiert nun im Idealfall mit dem hellsten Pixel auf der epipolaren Linie des rechten Bildes des entsprechenden Farbauszuges. In Abbildung 5.14 ist der Intensitätsverlauf der drei Farbauszüge einer Epipolarlinie nach einer Intensitätsnormierung wiedergegeben. Man erkennt, daß die Spitzen aller drei Farbauszüge auf denselben Wert gesetzt wurden.

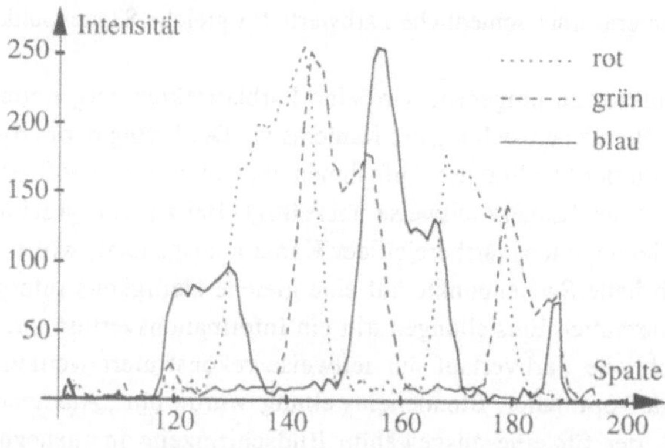

Abbildung 5.14   Ergebnis der Intensitätsnormierung

In einem weiteren Schritt werden die gemessenen Farbwerte korrigiert. Das projizierte Muster wurde bekanntlich so aufgebaut, daß an jedem Ort genau eine Farbkomponente nicht auftritt. Zur Farbkorrektur wird also für jedes Pixel einzeln bestimmt, welche Komponente die kleinste ist. Diese wird in der Annahme auf Null gesetzt, daß der Wert durch Farbveränderung oder durch Fremdlicht zustande kam, also:

$$I(j; x) = \left\{ \begin{array}{ll} 0 & \text{falls } I(j; x) = \text{Minimum} \\ I(j; x) & \text{sonst} \end{array} \right\} \qquad j \in (\text{rot, grün, blau})$$

Bei dem zweiten Farbmuster in Abbildung 5.12a ergibt zusätzlich die Summe aller drei Farbintensitäten stets den konstanten Wert 255. Hier werden die Farbkomponenten jedes einzelnen Pixels anteilig so erhöht, daß die Summe wieder den konstanten Wert ergibt, also:

$$I(j; x) = \frac{I(j; x) \cdot 255}{I(\text{rot}; x) + I(\text{grün}; x) + I(\text{blau}; x)} \qquad j \in (\text{rot, grün, blau}) \qquad (5.4)$$

Die gesamte Korrektur wird nur für die mit dem Farbkode beleuchteten Pixel durchgeführt. Als beleuchtet werden Pixel betrachtet, die eine Mindesthelligkeit aufweisen.

Durch dieses Korrekturverfahren wird erreicht, daß Intensitätsunterschiede der Beleuchtung eliminiert werden bzw. daß die Messung unabhängig von den Reflexionseigenschaften des beleuchteten Objekts wird. Ebenso hat die mit der Entfernung schwächer werdende Beleuchtung und eine unterschiedliche Blendeneinstellung der Kameras keinen Einfluß auf die Vergleichbarkeit der Meßwerte. Das Ergebnis der Korrektur ist in Abbildung 5.15 dargestellt. Hier zeigt sich, daß im Gegensatz zum Verlauf in Abbildung 5.14 auch die lokalen Maxima auf den Maximalwert angehoben werden, wobei die Nachbarn ihrem Intensitätsanteil entsprechend angehoben werden. Links von Spalte 115 ist ein unbeleuchteter Bereich, der von der Normierung ausgeschlossen wurde.

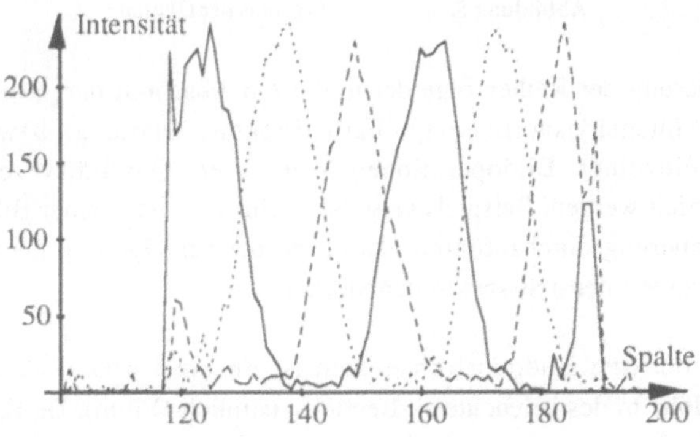

Abbildung 5.15   Ergebnis der Farbkorrektur

In einem letzten Bearbeitungsschritt werden die bereits aufbereiteten Aufnahmen durch Mittelwertbildung über ein 5×3-Fenster geglättet. Sei I(j; x,y) die Helligkeit der Farbkomponente j bei den Bildkoordinaten (x,y), dann berechnet sich die geglättete Helligkeit zu

$$I(j;\ x,y) = \frac{1}{(2n+1)(2m+1)} \cdot \sum_{k=-n}^{n} \sum_{l=-m}^{m} I(j;\ k+x,\ l+y) \qquad j \in (\text{rot, grün, blau})$$

mit n=2 und m=1 bei einem 5×3-Fenster

Das Ergebnis der Glättung ist in Abbildung 5.16 dargestellt. Hier zeigt sich, daß im Gegensatz zum Verlauf in Abbildung 5.15 die Grauwertverläufe entlang einer Zeile kontinuierlicher bzw. abgerundet werden. Eventuell auftretendes Rauschen wird geschwächt. So wird z.B. die Spitze aus Spalte 166 in Abbildung 5.15 ausgeglichen. Der Nachteil der Bildglättung ist, daß Kanten in der Bildszene verschwimmen bzw. unscharf erscheinen. Es werden mehr Zeilen als Spalten verwendet, um zu berücksichtigen, daß das verwendete Farbmuster aus vertikalen Farbstreifen besteht.

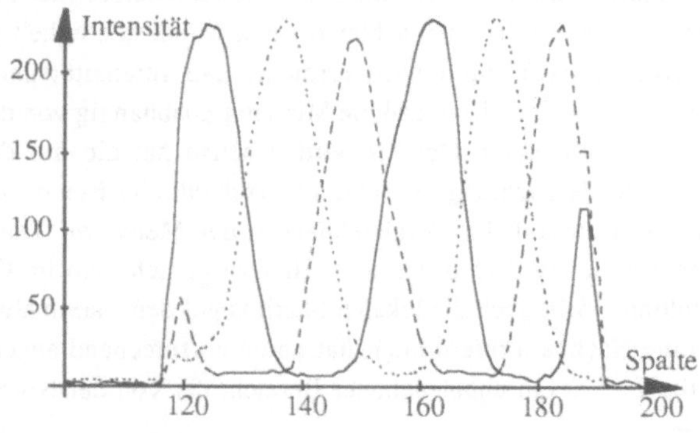

Abbildung 5.16   Ergebnis der Glättung

Durch Veränderung der Reihenfolge der in diesem Abschnitt dargestellten Verarbeitungsschritte (Intensitätsnormierung, Farbkorrektur, Glättung) bzw. mehrmalige Anwendung einzelner Bildoperationen kann eine Qualitätsverbesserung der Aufnahmen erzielt werden. Beispielsweise ist es sinnvoll, nach einer Bildglättung eine Intensitätsnormierung durchzuführen, damit die bei der Glättung gemittelten Werte wieder das gesamte Intensitätsspektrum abdecken.

Der Aufwand der drei Bildtransformationen ist für ein Farbbild abhängig von der Breite n und Höhe m des beleuchteten Bereichs, nämlich O(n·m). Da Breite und Höhe von gleicher Größenordnung sind, ist der Aufwand jeweils quadratisch ($O(n^2)$).

Farbinterpolation

Ziel der Korrespondenzsuche ist es, den im einen Bild betrachteten Punkt im anderen Bild wiederzufinden, hier also Punkte gleicher Farbzusammensetzung zu finden. Wie bereits in Kapitel 2.1.4 erläutert wurde, liegen die korrespondierenden Punkte auf der Epipolargeraden. Diese ist im allgemeinen nicht durch Punkte zu beschreiben, die exakt im Pixelraster liegen. Daher wird für die Berechnung des Farbwertes, der in einer bestimmten Spalte liegen soll, die subpixelgenaue Zeilenposition entsprechend dem Verlauf der Epipolargeraden bestimmt.[1] Für die so festgelegte Spaltenposition werden die einzelnen Farbkomponenten getrennt voneinander nach folgendem Modell interpoliert:

Die Helligkeit I der betrachteten Farbkomponente ist die anteilsmäßige Summe der Helligkeiten der vom virtuellen Pixel p geschnittenen Pixel p_1 und p_2.

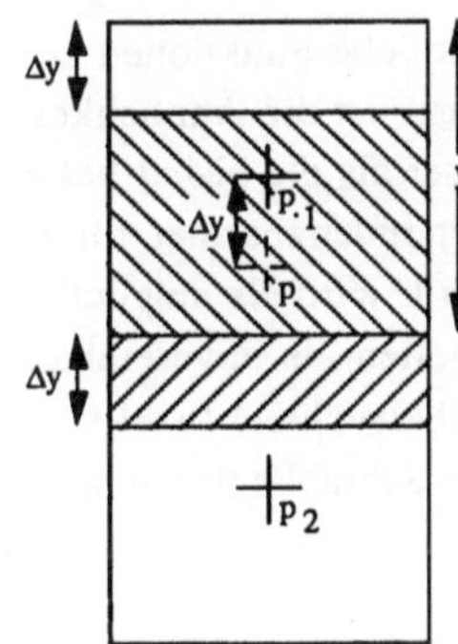

Die Helligkeit I der betrachteten Farbkomponente ist die anteilsmäßige Summe der Helligkeiten der vom virtuellen Pixel p geschnittenen Pixel p_1 und p_2 mit

y = Höhe eines Pixels,

Δy = Höhendifferenz zwischen p und p_1 und

$p_2 > p_1$.

Dieses Modell der Subpixelbetrachtung berücksichtigt nicht den physikalischen Zwischenraum zwischen den lichtempfindlichen Elementen der Bildfläche bzw. setzt ihn als konstant voraus. Dies ist zulässig, da die Fläche des Zwischenraums deutlich kleiner als die der lichtempfindlichen Elementen ist. Weiterhin wird von Elementen gleicher Größe und Empfindlichkeit ausgegangen. Wegen geringer Fertigungstoleranzen erfüllen moderne CCD-Kameras diese Voraussetzungen sehr gut. Das Modell liefert in der Praxis besonders gute Ergebnisse, wenn zwischen den betrachteten Pixeln ein großer Kontrast besteht.

Korrespondenzsuche

Ziel der Korrespondenzsuche ist es im vorliegenden Zusammenhang, Punkte gleicher Farbe und Helligkeit, also gleiche Farbvektoren in den beiden Bildern aufzufinden. Die

---

[1] I.a. wird die Neigung der epipolaren Linie gegenüber der Bildhorizontalen gering sein. Daher wird hier die Spaltenposition im Raster und die Zeilenposition durch die epipolare Linie festgelegt.

gewählte Korrespondenzanalyse gehört zur Klasse der intensitätsbasierten Techniken. Korrespondierende Punkte werden ausschließlich auf der Basis von Ähnlichkeiten in den Farbwertverläufen von Punktumgebungen gefunden (vgl. Kapitel 3.3.3). Die Suche eines Punktes P im anderen Bild findet zeilenweise getrennt nach folgendem Schema statt:

1. Auswahl der Korrespondenzkandidaten

   Für jede Zeile werden die Farbauszüge entlang der korrespondierenden Epipolarlinien extrahiert. Es wird jeweils die Epipolarlinie gewählt, die durch den mittleren beleuchteten Punkt der untersuchten Bildzeile verläuft. Für jeden Punkt L einer Epipolarlinie wird in einer Fensterumgebung die Ähnlichkeitsfunktion mit jedem sinnvollen Korrespondenzpartner ermittelt. Als sinnvoll gelten dabei Partner, die in der <u>korrespondierenden Epipolarlinie</u> liegen, und die einem <u>globalen Disparitätslimit</u> genügen.

2. Bewertung der Paare

   Zur Berechnung der Ähnlichkeit kamen zwei unterschiedliche Funktionen zur Anwendung, auf die weiter unten genau eingegangen wird. Ist die Ähnlichkeit zwischen L und dem gerade untersuchten Partner R besser als die bisher beste gespeicherte für R, dann wird L als möglicher Korrespondenzpartner für R eingetragen. Der Partner R mit der besten Ähnlichkeit zu L wird als möglicher Korrespondenzpartner von L abgespeichert. L und R gelten als unvereinbar, wenn in ihren Fensterumgebung mehr als ein Viertel unbeleuchtete Pixel verglichen wurden bzw. wenn die Ähnlichkeitsfunktion eine Schranke überschreitet.

3. Auswahl der Paare

   Zur Auswahl der Paare wird für jedes Pixel L untersucht, ob der zugeordnete mögliche Korrespondenzpartner R seinerseits L als besten Korrespondenzpartner zugeordnet hat. Nur wenn die Zuordnung in dieser Weise <u>eindeutig</u> ist, werden L und R einander zugeordnet, andernfalls entsteht eine Datenlücke. Diese Auswahl ist extrem restriktiv, ergibt aber in der Praxis dennoch nur ca. 30 % positiv falsche Zuordnungen.

Die entstandenen Datenlücken können in einem optionellen Iterationsschritt unter Verwendung der für die begrenzenden Stützstellen berechneten Entfernungen als <u>lokales Disparitätslimit</u> aufgefüllt werden. Dazu werden von allen Datenlücken die Begrenzungen gesucht. Für jeden Datenlückenabschnitt wird der Algorithmus ab Schritt 2 wiederholt. Sei z_l die berechnete Entfernung für die linke Begrenzung sowie z_r die der rechten. Dann berechnet sich das Intervall des lokalen Disparitätslimits zu [Minimum$(z_l, z_r)-\varepsilon$, Maximum$(z_l, z_r)+\varepsilon$], wobei ε klein und größer Null ist und als Sicherheitsabstand dient.

Im folgenden wird der Aufwand der Korrespondenzsuche betrachtet und es werden Möglichkeiten diskutiert, diesen Aufwand zu verkleinern. Sei n die Breite und m die Höhe des mit dem Farbcode beleuchteten Bildausschnittes. Sei weiterhin k die Fensterbreite des Farbvergleichs. Der Aufwand der Korrespondenzsuche pro Bildzeile ist:

$$O(n) + \qquad \{\text{für die Epipolarlinienextraktion}\}$$
$$O(k{\cdot}n^2)+ \qquad \{\text{für die Ähnlichkeitsberechnung}\}$$
$$O(n) + \qquad \{\text{für die Bewertung}\}$$
$$O(n) \qquad \{\text{für die Auswahl}\}.$$

D.h. der Aufwand für die Berechnung einer Entfernungskarte ist $O(m){\cdot}O(k{\cdot}n^2) \approx O(n^3)$, da $m \approx n$ ist sowie $k \ll n$ und konstant ist.

Ein globales Disparitätslimit beeinflußt die Länge des zu betrachtenden korrespondierenden Epipolarlinienabschnitts. Sei j die Länge des Epipolarlinienabschnitts. Sie ist von der Auflösung der Kamerabilder, der Brennweite der verwendeten Objektive, der Spaltenposition des betrachteten Pixels im Kamerabild, dem Abstand und dem Schwenkwinkel der Kameras abhängig. Ein globales Disparitätslimit verringert den Aufwand auf $O(m){\cdot}O(k{\cdot}n){\cdot}O(j)$, wobei $j < n$. Beispiele für reale Werte von j befinden sich in Kapitel 5.2.1.

Ist die <u>Kontinuität der Disparitäten</u> gewährleistet, kann der Aufwand reduziert werden, indem der Suchraum auf einen Abschnitt um die Entfernung beschränkt wird, die für den zuvor ermittelten Korrespondenzpunkt berechnet wurde. Hierdurch wird ein <u>lokales Disparitätslimit</u> verwirklicht. Überschreitet das Ähnlichkeitsmaß des betrachteten Punktes eine bestimmte Abstandsschranke, erfolgt die Suche wieder auf dem gesamten Intervall innerhalb des gewählten Entfernungsbereiches auf der Epipolarlinie.

Ähnlichkeitsfunktionen

Entscheidend für die Güte der Suche ist die Wahl eines geeigneten Maßes für die Ähnlichkeit. Es wurden zwei unterschiedliche Funktionen implementiert und getestet, die im folgenden näher erläutert werden. Beiden verwendeten Funktionen ist gemeinsam, daß sie zu minimieren sind.

Modell a)

Jeder Farbpunkt der beiden Aufnahmen wird durch Anwendung der Gleichung 5.4 auf den Wert 255 normalisiert, sofern dies nicht bereits durch einen der vorangegangenen Schritte ausgeführt wurde. Sei $r_l(x)$ die resultierende Intensität des Rotauszuges im linken Bild in der Spalte x, $g_l(x)$ die des Grünauszuges und $b_l(x)$ die des Blauauszuges. Seien weiterhin $r_r(x')$, $g_r(x')$ und $b_r(x')$ die Farbauszüge der rechten Kamera in der Spalte x'. Als Bewertung für die Ähnlichkeit der verglichenen Farbpixel in den Spalten x im linken Bild und x' im rechten Bild wird die Summe der quadratischen Abstände der normierten Farbvektoren angewendet, gebildet über ein eindimensionales Fensters der Größe 2n+1:

$$Q(x,x') = \sum_{i=-n}^{n}\big(r_l(x+i) - r_r(x'+i)\big)^2 + \big(g_l(x+i) - g_r(x'+i)\big)^2 + \big(b_l(x+i) - b_r(x'+i)\big)^2 \qquad (5.5)$$

Modell b)

Die Grundidee des Farbvergleichs nach Modell b) ist, daß die Intensität der zu vergleichenden Farben (z.B. auf Grund von Reflexion) unterschiedlich sein kann und daß der größte Farbanteil der bestimmende für die Farbe ist.

$$\begin{pmatrix} r_l \\ g_l \\ b_l \end{pmatrix} = s \cdot \begin{pmatrix} r_r \\ g_r \\ b_r \end{pmatrix}$$

Zur Bestimmung des Faktors s wird der dominierende Farbanteil m durch den mit m korrespondierenden Farbanteil im zu vergleichenden Pixel geteilt:

```
m   := MAXIMUM(r_l, g_l, b_l)
IF      m = r_l THEN s := r_l / r_r
ELSIF m = g_l THEN s := g_l / g_r
ELSE                s := b_l / b_r
```

Als Bewertung für die Ähnlichkeit der verglichenen Farbpixel in den Spalten x im linken Bild und x' im rechten Bild wird die Summe der quadratischen Abstände der *individuell* normierten Farbvektoren angewendet, gebildet über ein eindimensionales Fensters der Größe 2n+1:

$$Q(x,x') = \sum_{i=-n}^{n}\big(r_l(x+i){-}s_i{\cdot}r_r(x'+i)\big)^2 + \big(g_l(x+i){-}s_i{\cdot}g_r(x'+i)\big)^2 + \big(b_l(x+i){-}s_i{\cdot}b_r(x'+i)\big)^2 \qquad (5.6)$$

Im Modell a) werden alle zu vergleichenden Farbvektoren auf den Wert 255 normiert. Das Modell b) ist hier flexibler und normiert zwei zu vergleichende Pixel auf den jeweils größten Farbanteil des einen Pixels. Dadurch wird implizit auch die Helligkeitsinformation in den Farbvergleich einbezogen. Diese Information ist bei der Normierung im Modell a) verloren gegangen.

Theoretisch ist auch die Verwendung eines zweidimensionalen Fensters denkbar. Hierbei muß berücksichtigt werden, daß die Korrespondenzpunkte der oberhalb bzw. unterhalb des gesuchten Pixels P liegenden Nachbarpunkte auf anderen Epipolarlinien liegen, die zusätzlich berechnet werden müssen. Zur Aufwandsminimierung bietet sich hier die Methode der Epipolarentzerrung an (siehe Kapitel 2.1.4).

Je geringer die Ähnlichkeit zwischen den betrachteten Punkten bzw. Fenstern ist, desto höher liegen die Werte für Q. Der Aufwand beider Funktionen mit der gewählten Fensterbreite k ist O(k). Die Rechenzeit wird verkürzt, indem die Berechnung abgebrochen wird, sobald die Summe einen bestimmten Schwellwert überschreitet.

Berechnung der Entfernung

Die Berechnung der Entfernung wird für jedes ermittelte Korrespondenzpaar wie bei der Laserstereometrie nach den in Kapitel 2.1.3 vorgestellten Beziehungen vorgenommen. Um die Genauigkeit der Messung zu erhöhen, kann mit Subpixelgenauigkeit gemessen werden. Ist die Spalte mit der größten Übereinstimmung der Farbkomponenten gefunden worden, kann nachfolgend die Position subpixelgenau bestimmt werden, indem die Spaltenposition zwischen der gefundenen Spaltenposition und dem „besseren" der beiden Epipolarliniennachbarn interpoliert wird. Die Zeilenposition wird durch Ermittelung des Schnitts der subpixelgenauen Spalte mit der Epipolarlinie bestimmt. Von der Anwendung dieser Methode während der Korrespondenzsuche ist abzuraten, da hierdurch der Ausschluß von Korrespondenzen aufgrund der Verletzung der Eineindeutigkeit der Zuordnung außer Kraft gesetzt wird. Wegen des im allgemeinen geringen Kontrasts der verglichenen Pixel würden dann sehr viele negativ falsche Korrespondenzen ermittelt.

5.2   Experimentelle Ergebnisse

Zur Überprüfung der Funktion bzw. Beurteilung der Genauigkeit des entwickelten Verfahrens wurde folgender Versuchsaufbau gewählt. Die verwendeten 1 Chip RGB-CCD-Kameras (SONY XC-711P) besitzen eine Auflösung von 756 × 581 Sensorbildpunkten, die durch ein Erfassungssystem (ITI FG-100-Q) in eine Grauwertmatrix der Größe 512 × 512 mit 256 Grauwertstufen digitalisiert wird. Die einzelnen Farbauszüge werden zeitlich unmittelbar nacheinander in den Speicherbereich des Erfassungssystems eingeschrieben.

Als Energiequelle wird ein handelsüblicher Diaprojektor (Braun Paximat 2850) mit einer Halogenlampe von 250 W benutzt. In ihm befinden sich die Dias mit den Farbmustern, die mit einem Fotoapparat von einem Farbmonitor (MITSUBISHI UC-3922

ELPA) abfotografiert wurden. Als Farbfilm wurde ein handelsüblicher Diafilm (AGFA EXCL CT 100 i) verwendet.

Die Anordnung der Kameras wurde nach dem bereits in Kapitel 4 beschriebenen Aufbau vorgenommen. Abbildung 5.17 zeigt den gesamten Versuchsaufbau.

Abbildung 5.17   Versuchsaufbau: Farbstereometrie

5.2.1   Meßgenauigkeit

Zunächst wird die Genauigkeit des Verfahrens untersucht. Folgende Parameter haben direkten Einfluß auf die Genauigkeit der Entfernungsmessung und lassen sich in den Versuchsreihen variieren :

- externe Parameter (Änderungen am Versuchsaufbau)
  - Äußere Kameraparameter (z.B. Kameraabstand und Schwenkwinkel)
  - Innere Kameraparameter (z.B. Fokuslänge und Blende)
  - verwendete Kalibrierungsebenen
  - Auflösung der Kamerabilder
  - Entfernung des Projektors von der Szene
  - verwendetes Farbmuster

- interne Parameter (algorithmische Aspekte)
  - Umfang der Bildvorverarbeitung
  - Fensterbreite bei der Korrespondenzsuche
  - verwendetes Abstandsmaß
  - Güte der Subpixelgenauigkeit

Weiterhin können Oberflächenstruktur und Farbe der Szenenobjekte, sowie Schattenbildung und Überdeckungen einen indirekten bzw. lokalen Einfluß auf das Meßergebnis haben.

Der Einfluß von Kameraabstand und Schwenkwinkel wurde bereits in Kapitel 2.1.4 untersucht. Diese werden in den folgenden Versuchsreihen konstant gehalten (Kameraabstand = 200 mm, Schwenkwinkel = 85°, Kalibrierungsebenen 480...520 mm).

Da eine Ermittlung korrespondierender Farbpunkte mit Subpixelgenauigkeit sehr zeitaufwendig ist, werden im folgenden nur Punkte im Pixelraster[2] betrachtet. Dadurch wird die maximal erreichbare Genauigkeit der Messung eingeschränkt. Der maximale Fehler bei einer Auflösung von 256×256 Pixel liegt bei ±1 mm. Bei Verwendung der Auflösung von 512×512 Pixel ist der maximale Fehler nur noch etwa halb so groß. Die Abweichungen liegen also noch in dem Genauigkeitsbereich, der bei der Laserstereometrie erreicht wird, wodurch der zusätzliche Aufwand, mit Subpixelgenauigkeit zu messen, gar nicht zu rechtfertigen ist. Erst bei einem größeren Entfernungsabstand lohnt sich die Messung mit Bruchteilen von Pixeln.

Vergleich verschiedener Farbmuster

In Kapitel 5.1.2 wurden verschiedene Varianten von Farbmustern vorgestellt, die für die Farbstereometrie geeignet sind. Beim Abphotographieren der Bilder vom Monitorbild wurden zusätzliche Fotos mit verschiedenen möglichen Einstellungen (scharf/unscharf, überbelichtet/unterbelichtet) erstellt.

Bei unscharf aufgenommenen Farbspektren sind schlechtere Ergebnisse zu erwarten, da aufgrund der Überlagerung der Farbstreifen die Konturen des ursprünglich entworfenen Musters - ähnlich wie bei einer Glättung - geschwächt werden. Auf den ersten Blick sind die leicht überbelichteten Aufnahmen für die Projizierung mit dem verwendeten

---

[2]Dies betrifft nur die Spaltenpositionen. Die Zeilenpositionen werden exakt durch die epipolare Linie festgelegt.

Projektor besser geeignet, da diese hellere Farbstreifen auf den Szenenobjekten erzeugen und die Blende der Kameras nicht allzuweit geöffnet werden muß. Jedoch ist eine Beeinträchtigung der Farbqualität bei diesen Farbspektren zu beobachten. Besonders im blauen Bereich erweisen sich die überbelichteten Dias als ungeeignet, da die Intensitätsverläufe zu stark abgerundet sind. Abbildung 5.18 zeigt den Blauauszug eines Farbmusters, der einmal normal belichtet, einmal überbelichtet und einmal unterbelichtet aufgenommen wurde. Die obere Kurve stellt den auf 255 normierten Verlauf dar, während die untere die von der Kamera gemessenen Werte zeigt.

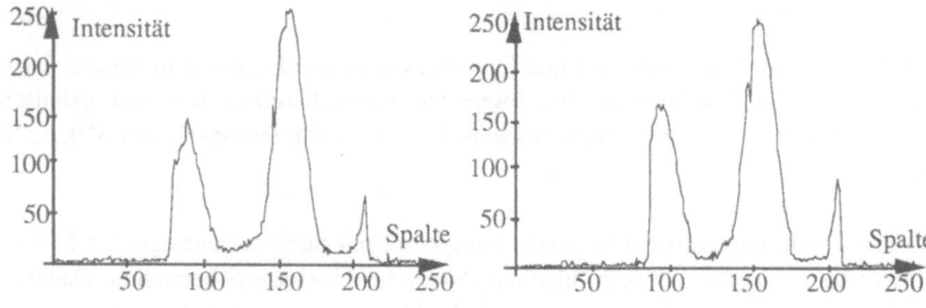

a) Blaukomponente bei normaler Belichtung b) Blaukomponente bei einem überbelichteten Dia

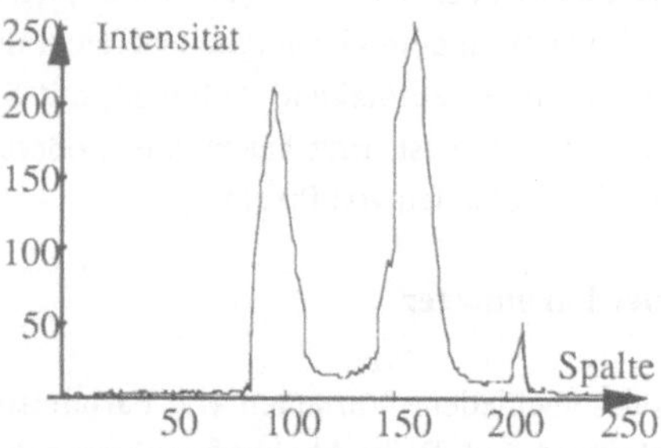

c) Blaukomponente bei Unterbelichtung

Abbildung 5.18 Auswirkung der Belichtung bei der Aufnahme des Musters auf die Blaukomponente

Beim überbelichteten Muster ist deutlich zu erkennen, daß die ursprüngliche Spitze der Kurve abgeflacht ist. Da die jeweils anderen Farbkomponenten an dieser Stelle fast Null sind, ist an den Intensitätsmaxima mit Meßfehlern zu rechnen. Das unterbelichtete Bild des Farbmusters gibt den Verlauf der Intensitäten am besten wieder und wird für die folgenden Messungen verwendet.

In der ersten Meßreihe sollen die beiden Varianten der Farbmuster aus Abbildung 5.12 untersucht werden. Zur Versuchsdurchführung wird eine (weiße) Testebene bei 500 mm plaziert und mit dem Farbmuster beleuchtet. Anschließend werden die Entfernungen der beleuchteten Pixel einer Epipolarlinie des linken Bildes vermessen. Dadurch, daß alle Punkte die gleiche Entfernung (bzw. z-Koordinate) zu einem festen Bezugspunkt besitzen, ist gewährleistet, daß sich Aussagen über die relative Abweichung der Entfernung machen lassen, ohne die tatsächliche Entfernung messen zu müssen.

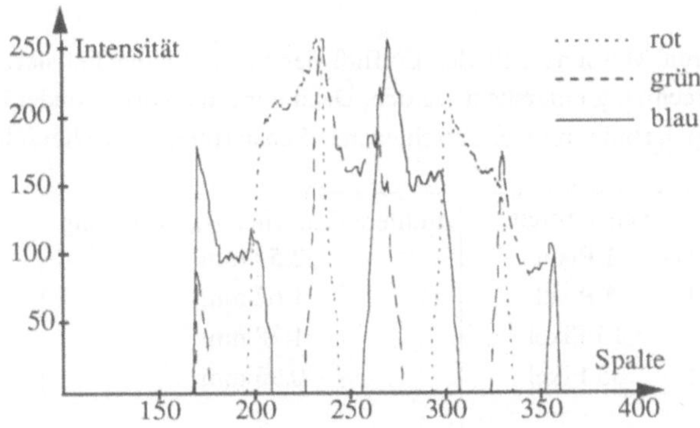

Abbildung 5.19 a)   Grauwertverlauf des Farbmuster 1 in einer Bildschirmzeile

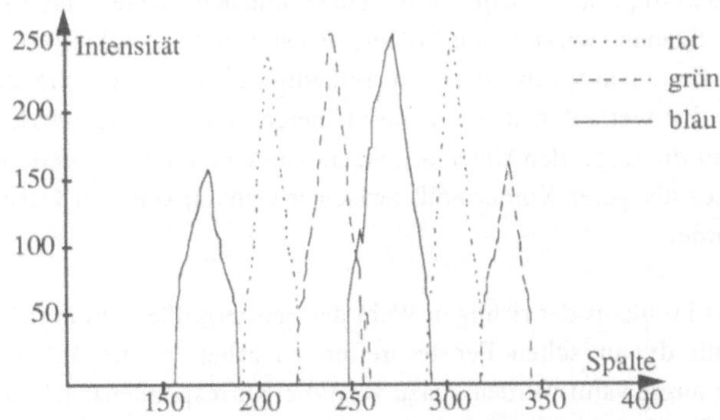

Abbildung 5.19 b)   Grauwertverlauf des Farbmuster 2 in einer Bildschirmzeile

Beim Betrachten der in Abbildung 5.19 a) und b) dargestellten Intensitätsverläufe der beiden gemessenen Farbspektren fällt auf, daß beim Farbmuster 2 deutlich die dreieckförmigen Verläufe des projizierten Musters wiederzuerkennen sind, während beim Farbmuster 1 nur noch wenig Ähnlichkeit mit dem ursprünglichen Muster zu erkennen ist. Die Ursache hierfür liegt wahrscheinlich darin, daß die verwendeten Farbfilter andere Farbnuancen durchlassen als die Farben, die vom Monitor abphotographiert wurden und daß beim Farbmuster 1 andere Farben gemischt werden. Die Messungen, die mit den beiden verschiedenen Farbmustern durchgeführt worden sind, ergeben ungefähr die selben Entfernungsabweichungen. Für Farbmuster 1 wurde die mittelere Entfernungsabweichung mit 1,06 mm, für Farbmuster 2 mit 0,97 mm ermittelt. Das Farbmuster 2 liefert die etwas besseren Ergebnisse und wird für die folgenden Messungen verwendet.

Auswirkung unterschiedlicher Fensterbreiten

In einer weiteren Messung soll der Einfluß der verwendeten Fensterbreite bei der Entfernungsberechnung untersucht werden. Dazu wird die Korrespondenzsuche für die Pixel einer Epipolarlinie mit vier verschiedenen Fensterbreiten durchgeführt.

Fensterbreite	mittlere Entfernungsabweichung
1 Pixel	2.54 mm
5 Pixel	1.62 mm
15 Pixel	1.38 mm
35 Pixel	0.95 mm

Unter Verwendung eines breiteren Fensters läßt sich unter Geschwindigkeitsverlust die Genauigkeit der Entfernungsmessung verbessern. Dieses Ergebnis ist allerdings nur bedingt aussagekräftig, da normalerweise keine einfachen Ebenen vermessen werden. Für komplexe Szenen, wirken sich größere Fensterbreiten nachteilig aus, denn an Objektkanten finden aufgrund der unterschiedlichen Sichtbereiche der Kameras Sprünge in den Farbverläufen statt, die mit kleineren Fensterbreiten besser erfaßt werden können. Für die folgenden Untersuchungen wurde eine Fensterbreite von 15 Pixel gewählt, da dies als guter Kompromiß zwischen Genauigkeit und Geschwindigkeit empfunden wurde.

Zur Lösung des Problems der richtigen Wahl der Fenstergröße wird in [Shirai 87] vorgeschlagen, mit dynamischen Fensterbreiten zu arbeiten, die anhand von zwei Schwellwerten ausgewählt werden. Dazu wird die Korrespondenzsuche zunächst mit einer kleinen Fensterbreite vorgenommen. Unterschreitet das Abstandsmaß beide Schwellwerte, kann davon ausgegangen werden, daß der Punkt korrekt erkannt wurde. Liegt der Punkt zwischen den Schwellwerten oder ist das Minimum nicht eindeutig (unstrukturierte Fläche), so wird die Suche des Punktes mit einem breiteren Fenster wiederholt. Eine Überschreitung beider Schwellwerte bedeutet, daß kein korrespondierender Punkt gefunden werden kann, da es sich z.B. um einen verdeckten Punkt handelt, der nur in einem Kamerabild sichtbar ist. In einem solchen Fall wird dem gesuchten Punkt keine Korrespondenz zugeordnet.

Die in Tabelle 5.1 bzw. Abbildung 5.20 dokumentierte Meßreihe dient der Ermittlung der erreichbaren absoluten Meßgenauigkeit in Abhängigkeit von der Entfernung. Dazu wurde ein weißes Blatt Papier in unterschiedlichen Entfernungen mit dem Farbmuster beleuchtet und von Hand selektierte Bereiche daraus mit dem Algorithmus ausgewertet. Angegeben sind die reale Entfernung z, die Anzahl der gefundenen Korrespondenzen n, die gemessene mittlere Entfernung $\bar{z}$, sowie die Standardabweichung s.

z/mm	n	$\bar{z}$/mm	s/mm
250	1340	249,115	1,544
300	1564	300,044	2,313
350	938	349,288	2,035
400	1428	400,433	1,965
450	1470	451,041	3,058
500	1700	501,863	2,605
550	1656	550,868	4,001

Tabelle 5.1   Absolute Meßgenauigkeit in Abhängigkeit von der Entfernung

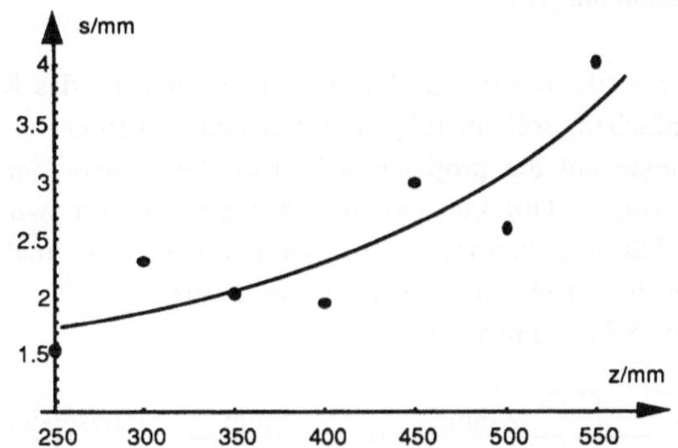

Abbildung 5.20 Ermittelte Standardabweichung

Während für die in der Tabelle 5.1 dokumentierten Messungen jeweils das gesamte Farbmuster vermessen wurde, wurden in der folgenden Tabelle 5.2 nur die jeweils angegebenen Farbmusterteile ausgewertet.

z/mm	n	$\bar{z}$/mm	s/mm	Farbmusterteil
350	522	347,932	1,160	B--
350	720	348,989	2,004	-R-
350	408	350,397	1,682	--G

Tabelle 5.2   Meßgenauigkeit in Abhängigkeit vom Farbmusterteil

Die Messungen in den Tabellen 5.1 und 5.2 zeigen, wie von der Theorie her zu erwarten war, daß die Genauigkeit mit zunehmender Entfernung sinkt. Weiterhin wird ersichtlich, daß trotz einfachster Algorithmen im angestrebten Entfernungsbereich mit einer Wahrscheinlichkeit von 68,3% eine Genauigkeit von besser als ±4 mm erreicht werden kann. Die Auswertung der einzelnen Farbkanäle zeigt, daß unter diesen nahezu idealen Bedingungen zwischen den Farbkanälen praktisch kein Genauigkeitsunterschied vorhanden ist. Allerdings unterscheidet sich die Anzahl der positiv falschen Zuordnungen deutlich. (Die selektierten beleuchteten Bereiche waren identisch groß.) Dieser Effekt war der Grund dafür, daß aus der Überlegung, daß in aller Regel die interessantesten Teile einer Szene in der Bildmitte sein werden, auch der rote Bereich in die Mitte des Farbmusters gelegt wurde.

Alle folgenden Messungen wurden, soweit nicht anders erwähnt, bei denselben Aufnahmebedingungen in einer Entfernung von 350 mm vorgenommen. Das bedeutet, daß die oben angeführte Messung bei 350 mm mit weißem Papier im folgenden als Referenzmessung betrachtet wird.

Einfluß farbiger Szenenobjekte

Da das vorgestellte Verfahren farbige Streifen verwendet, um das Korrespondenzproblem zu vereinfachen, soll im folgenden untersucht werden, welchen Einfluß farbige Szenenobjekte auf die projizierten Farbstreifen haben. Zur Messung der Auswirkungen farbiger Objekte auf die Meßgenauigkeit wurden Kartons unterschiedlicher Färbung vermessen. Es wurden jeweils einmal das gesamte Farbmuster, sowie die einzelnen Farbkanäle ausgewertet. Die Ergebnisse sind in Tabelle 5.3, 5.4 bzw. 5.5 dokumentiert.

n	$\bar{z}$/mm	s/mm	Besonderheiten
1272	351,632	6,681	BRG
741	348,463	3,760	B--
479	367,438	17,134	-R-
630	349,061	1,064	--G

Tabelle 5.3   Meßgenauigkeit bei farbigen Objekten (blauer Karton)

n	$\bar{z}$/mm	s/mm	Besonderheiten
775	352,186	7,341	BRG
0	-	-	B--
572	351,094	4,855	-R-
428	379,344	43,571	--G

Tabelle 5.4   Meßgenauigkeit bei farbigen Objekten (roter Karton)

n	$\bar{z}$/mm	s/mm	Besonderheiten
882	350,750	17,550	BRG
199	349,573	1,967	B--
405	348,021	2,332	-R-
306	352,765	20,762	--G

Tabelle 5.5   Meßgenauigkeit bei farbigen Objekten (grüner Karton)

Die Meßreihe zeigt deutlich, daß bei zu starker Absorption der Energie keine sinnvolle Messung mehr vorgenommen werden kann. Dies schlägt sich in einer hohen Standardabweichung bei den jeweiligen Komplementärfarben nieder. Im Fall des roten Kartons wurde der Blaubereich des Musters so gut absorbiert, daß keine Punkte mehr vermessen werden konnten. Dagegen sind die Auswirkungen in den anderen Farbkanälen relativ gering. Hier zeigt sich, daß die Annahme, daß eine von der Szene ausgehende Farbveränderung sich in beiden Kameras gleich auswirkt, haltbar ist.

Daraus läßt sich schließen, daß das Verfahren für Szenen weniger geeignet ist, in denen viele verschiedenfarbige und gesättigte Farben enthalten sind. Um für alle Farbauszüge akzeptable Intensitätskurven zu erhalten, müßten in diesem Fall mehrere Aufnahmen der Szene erfolgen, die mit versetzten oder komplementären Farbspektren beleuchtet werden, so daß mindestens eine Aufnahme eine ausreichende Helligkeit eines Szenenbereiches aufweist. Enthält die Szene nur Objekte einer einheitlich gesättigten Farbe, so kann die schwächere Reflexion der jeweils andersfarbigen Streifen des Musters durch Blendenregulierung weitgehend kompensiert werden. Bei Szenen, in denen nur Mischfarben aus rot, grün und blau und weiß oder Pastelltöne auftreten, sind dagegen zufriedenstellende Ergebnisse zu erwarten.

Eine weitere in Tabelle 5.6 dokumentierte Meßreihe dient der Beurteilung der Meßgüte bei äußeren Einflüssen. Gemessen wurden der Einfluß von Fremdlicht sowie die Auswirkungen unterschiedlich starker Beleuchtung durch den Diaprojektor. Als Fremdlichtarten wurden Tageslicht und Kunstlicht untersucht. Alle anderen bereits genannten bzw. noch folgenden Messungen wurden ohne größeren Fremdlichteinfluß durchgeführt. Der Einfluß der Beleuchtungsstärke auf das Meßergebnis wurde gemessen, indem der Projektor in unterschiedlichen Entfernungen von der Szene aufgestellt wurde. Angegeben sind die Ausmaße der beleuchteten Fläche in mm. Um die Ergebnisse vergleichbar zu halten, wurde das Kamerabild jeweils mit der Blende nachgeregelt, während alle anderen Aufnahmen bei einer beleuchteten Fläche von 55 mm x 75 mm und bei Blende 4 gemacht wurden.

n	$\bar{z}$/mm	s/mm	Besonderheiten
1360	348,828	2,019	Tageslicht
1700	348,804	2,646	Kunstlicht
1023	347,685	1,118	30 mm×45 mm, Blende 5.6
938	349,288	2,035	55 mm×75 mm Blende 4
2040	348,756	5,812	105 mm×145 mm, Blende 2.8
897	348,880	2,302	ohne Vorverarbeitung

Tabelle 5.6   Meßgenauigkeit bei äußeren Einflüssen

Der Einfluß von Fremdlicht kann nach diesen Messungen als vernachlässigbar bezeichnet werden. Einschränkend muß allerdings gesagt werden, daß beide Arten von Fremdlicht so schwach waren, daß keine manuelle Nachregelung der Blenden erforderlich war. Es ist zu erwarten, daß durch Sensorsättigung zu starke Fremdlichtquellen deutlich stärkere Auswirkungen zeigen.

Die Meßreihe mit den unterschiedlichen Beleuchtungsstärken zeigt deutlich eine der Hauptforderungen an den Meßaufbau für die Verbesserung der Meßgüte: je stärker der Projektor, desto besser die Messung. Es ist zu erwarten, daß bei noch höherer Beleuchtungsstärke und gleichzeitig größerer Blendenzahl eine weitere Verbesserung der Meßgüte erreichbar ist.

Die Messung ohne Vorverarbeitung beweist, daß durch die Vorverarbeitung (Farb-Normierung) kein wesentlicher Datenverlust verursacht wird.

Die folgenden Messungen in Tabelle 5.7 zeigen den Einfluß der Blendeneinstellung bei gleicher Beleuchtungsstärke auf das Meßverfahren.

n	$\bar{z}$/mm	s/mm	Blende
739	343,821	14,316	8
946	348,632	5,391	5.6
1218	349,252	2,253	4
1449	348,751	3,328	2.8
1302	349,721	4,497	2

Tabelle 5.7   Meßgenauigkcit in Abhängigkeit von der Blendeneinstellung

Bei Blende 8 war das Bild bereits so dunkel, daß auf die Vorverarbeitung verzichtet werden mußte, da alle Punkte unterhalb des festgelegten Schwellwertes lagen ($R+G+B < 30$). Die Folgerung aus diesem deutlichen Einfluß der Blendeneinstellung auf die Meßgüte war, daß alle folgenden Messungen unter Verwendung der in den Kameras eingebauten automatischen Verstärkungsregelung (AGC) vorgenommen wurden. Bis hierher wurde die Blendeneinstellung von Hand vorgenommen, wobei die Beurteilung mittels des in Kapitel 5.1.2 beschriebenen Algorithmus vorgenommen wurde. Dies bedeutet nicht, daß die Blendeneinstellung im folgenden vernachlässigt werden kann, die Einstellung ist aber wesentlich unkritischer, da in einem Bereich von ±2 Blenden um das Optimum ungefähr gleiche Ergebnisse erreicht werden können.

Die folgenden Messungen in Tabelle 5.8 sind unter Verwendung des in Kapitel 5.1.2 vorgestellten Farbvergleichs vorgenommen, der die möglicherweise unterschiedliche Helligkeit berücksichtigt. Da die Normierung durch den Farbvergleich vorgenommen wird, besteht die Bildvorverarbeitung nur noch aus der Bildglättung. Um eine Vergleichbarkeit der Ergebnisse zu erlangen, ohne alle bisher durchgeführten, langwierigen Messungen nochmals vornehmen zu müssen, wird eine Referenzmessung mit weißem Papier bei z = 350 mm vorgenommen. Neu eingeführt wird der Wert n/N (die Anzahl der berücksichtigten Punkte geteilt durch die Anzahl der betrachteten Punkte) mittels dessen der Anteil der positiv falschen Messungen eingeschätzt werden kann. (Der Anteil P der positiv falschen Messungen in Prozent von der Gesamtzahl der Messungen berechnet sich zu

$$P = (1.0 - n/N) \cdot 100).$$

n	n/N	$\bar{z}$/mm	s/mm	Besonderes
734	0,576	348,726	1,304	BRG
245	0,600	349,730	1,202	B--
310	0,745	348,338	0,941	-R-
184	0,416	348,212	1,329	--G

Tabelle 5.8   Meßgenauigkeit bei Farbvergleich nach Modell b)

Das Ergebnis dieser Vergleichsmessung zeigt, daß auch unter idealen Voraussetzungen der neue Farbvergleich deutlich bessere Werte liefert. Dies ist darin begründet, daß auch weißes Papier kein ideal diffuser Reflektor ist.

Ein wesentlicher Faktor für die Einstellung des Algorithmus ist die Schranke, ab der eine Korrespondenz zurückgewiesen wird. Eine harte Schranke führt, wegen des vorzeitigen Abbruchs der Berechnung bei Überschreiten, zu einer Verkürzung der Rechenzeit, während eine weiche Schranke die Anzahl der positiv falschen Korrespondenzen minimiert. Mit der folgenden Meßreihe (Tabelle 5.9) wurde versucht, ein Optimum zu finden.

n	n/N	$\overline{z}$/mm	s/mm	Schranke
659	0,439	349,138	1,223	500
717	0,503	349,011	1,202	1000
807	0,574	348,898	1,312	2000
734	0,576	348,726	1,304	4000
862	0,582	348,859	1,322	8000
864	0,592	348,856	1,326	16000
891	0,573	348,885	1,337	32000

Tabelle 5.9   Meßgenauigkeit in Abhängigkeit vom Schwellwert

Als Folgerung aus dieser Messung wurden alle weiteren Messungen mit einer Schranke von 4000 vorgenommen. Obwohl die Unterschiede relativ gering ausfallen, erschien dies als gelungener Kompromiß zwischen Aufwand und Genauigkeit.

Die folgenden Messungen (Tabelle 5.10) zeigen das Verhalten des Algorithmus bei unterschiedlichen Materialien. Die stark reflektierenden Materialien wurden so ausgerichtet, daß der Hauptteil der Reflexion zwischen beide Kameras fiel, wodurch direkte Reflexionen weitgehend vermieden wurden. Bei der Betrachtung von $\overline{z}$ muß angemerkt werden, daß von 350 mm die jeweilige Dicke des Materials subtrahiert werden muß, um auf den tatsächlich zu messenden Entfernungswert zu kommen. Dies ist dadurch begründet, daß die Materialien jeweils mit ihrer Rückseite an der konstant in 350 mm Entfernung aufgestellten Meßwand befestigt wurden.

Material (Dicke/mm)	n	n/N	$\overline{z}$/mm	s/mm
Messing (0.5)	285	0,167	350,459	3,834
Aluminium eloxiert (2,5)	427	0,251	347,208	2,806
Aluminium (2)	415	0,241	350,195	8,615
Stahl (2)	521	0,310	349,832	2,809
Pertinax (3)	605	0,365	345,288	5,166
Plastik dunkelgrau (2)	355	0,286	350,129	3,826
Plastik weiß (6)	573	0,449	347,285	1,726
Holz (4)	1329	0,636	346,147	1,679
Preßpappe (3)	811	0,702	347,518	1,473

Tabelle 5.10   Meßgenauigkeit bei unterschiedlichen Materialien

Diese Messung zeigt, daß alle diffus reflektierenden Materialien (z.B. Preßpappe) gute Meßergebnisse liefern, daß alle glänzend reflektierenden Materialien (z.B. eloxiertes Aluminium) relativ schlechte, aber noch verwertbare Ergebnisse liefern und daß die Absorption (z.B. beim dunkelgrauen Plastik) einen ähnlichen Einfluß auf die Meßgüte hat wie die Reflexion (z.B. beim Messing). Insbesondere der Anteil an positiv falschen

Zuordnungen steigt bei beiden Einflüssen drastisch. Zwei Messungen fallen in der Meßreihe negativ aus dem Rahmen: Pertinax und Aluminium. Die Ursache ist in den guten Reflexionseigenschaften der Oberflächen der beiden Materialien zu suchen. Sie führten dazu, daß selbst für den menschlichen Betrachter die Farbenergie schwer zu erkennen war. Trotz der relativ schlechten Bewertung durch die Standardabweichung muß die Messingmessung positiv herausgehoben werden. Dieses Material ist erstens stark glänzend, zweitens auf Grund seiner Rotfärbung stark farbändernd und drittens durch seine dunkle Farbe relativ stark absorbierend. Daher sind die gelieferten Werte mehr als erstaunlich.

Alle bis hierher aufgeführten Messungen beziehen sich auf die absolute Meßgenauigkeit. Die folgende Messung der Sprungantwort des Systems soll das Auflösungsvermögen, also die relative Meßgenauigkeit zeigen. In einer Entfernung von 300 mm wurde ein weißes Blatt Papier als Referenzebene vermessen. Auf dieser Referenzebene wurden Papierstapel unterschiedlicher Dicke (1, 2, 5 und 10 mm) befestigt und der Entfernungssprung vermessen. Dabei wurde darauf geachtet, daß sich der Entfernungssprung an der gleichen horizontalen Position (im Bereich des Übergangs von Grün nach Rot) befand. Die Abbildung 5.20 zeigt die auf die Referenzebene bezogenen Distanzunterschiede in einer begrenzten Umgebung, wobei die Punkte die eigentlichen Messpunkte darstellen, während die Linien die Zusammengehörigkeit der Punkte klarstellen. Die Position des Sprunges im Diagramm ist dabei unterschiedlich, weil die Kamera schräg auf die Ebene bzw. Kante ausgerichtet war und daher die Kante an unterschiedlichen Pixelpositionen gesehen wurde.

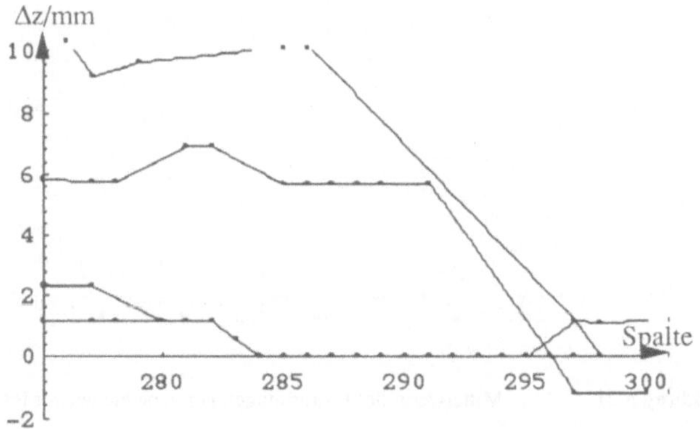

Abbildung 5.20 Sprungantwort

Wie zu erkennen ist, entsteht insbesondere bei großen Entfernungssprüngen eine Meßlücke, die sich auf die Überdeckung zurückführen läßt. Weiterhin kann man erkennen, daß selbst die an die Grenzen der absoluten Meßgenauigkeit reichenden Distanzunterschiede noch gut getrennt werden. Allerdings wird, wie im Fall des Sprunges um 2 mm zu erkennen, die Sprungantwort, wahrscheinlich auf Grund von Pixelfehlern, abgeflacht. Die axiale Auflösung des Systems, also der minimale Distanzunterschied der gemessen werden kann, ist nach diesen Messungen mit besser als 1 mm anzugeben. Im rechten Bereich ab Spalte 295 sind Ungenauigkeiten zu erkennen, die auf absolute Meßfehler zurückgeführt werden müssen.

Reproduzierbarkeit

Im folgenden soll die Reproduzierbarkeit der Entfernungsmessung untersucht werden. Dazu wurde ein weißes Blatt Papier in einer Entfernung von 250 mm plaziert und ohne Änderungen am Aufbau 14 mal voneinander unabhängig jeweils die Entfernungskarte eines 61×61 Pixel großen Bildausschnittes berechnet. Die Kamerakoordinaten der Bildausschnitte wurden in allen 14 Versuchen gleich gewählt. Für diese Bildausschnitte wurden Mittelwert und Standardabweichung der Entfernungen berechnet. Weiterhin wurde die Anzahl der gefundenen Korrespondenzen protokolliert. Die gemessenen Werte sind in den Abbildungen 5.21 bis 5.23 graphisch dargestellt.

Die Messungen 1...7 wurden ohne jegliche Bildvorverarbeitung ausgewertet, während die Messungen 8..14 mit dem in Kapitel 5.1.2 beschriebenen Glättungsoperator entrauscht wurden. Alle positiv falschen Korrespondenzen sind vom Algorithmus wegen Verletzung der Forderung nach Eindeutigkeit ausgeschlossen worden.

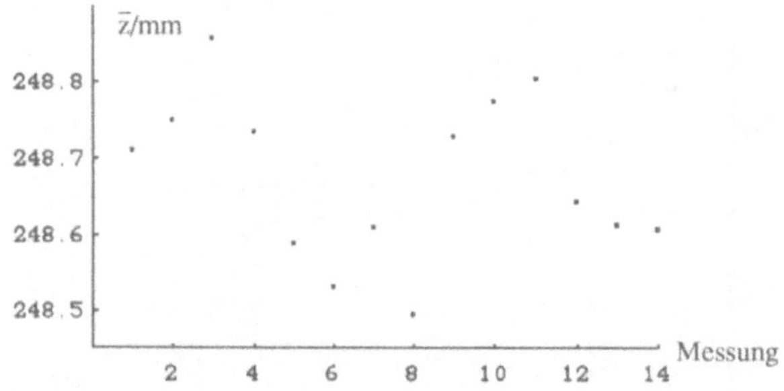

Abbildung 5.21 Mittelwerte der Entfernungen bei verschiedenen Messungen

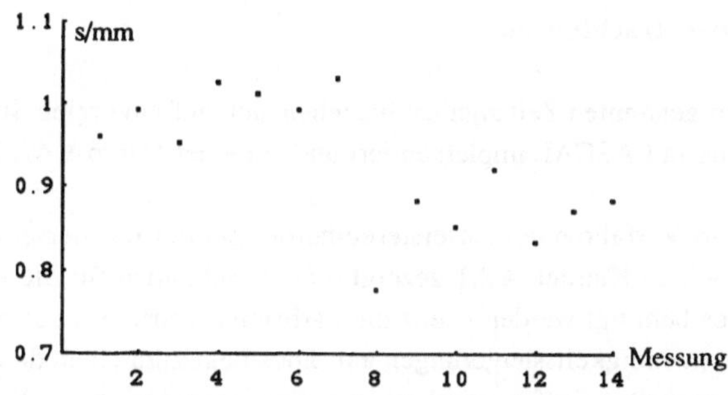

Abbildung 5.22   Standardabweichungen der Entfernungen bei verschiedenen Messungen

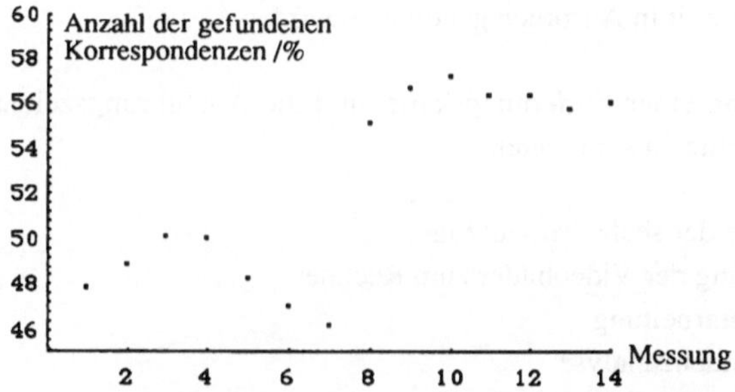

Abbildung 5.23   Anzahl der gefundenen Korrespondenzen bei verschiedenen Messungen

Für die Entfernungsmittelwerte aller 14 Messungen kann eine Standardabweichung von 0,103 mm berechnet werden. Aus diesem Wert, läßt sich folgern, daß die Meßergebnisse bei gleichen Voraussetzungen in engen Toleranzen reproduzierbar sind. Weiterhin weisen die Werte in Abbildung 5.21 keine auffälligen Regelmäßigkeiten auf. Das bedeutet, daß aus den Messungen keine Abhängigkeiten der Meßergebnisse vom Zeitpunkt der Messung erkannt werden können. Bei Betrachtung der Standardabweichungen in Abbildung 5.22 fällt auf, daß die der nicht vorverarbeiteten Messungen generell einen etwas höheren Wert aufweisen als die der geglätteten. Umgekehrt verhält es sich in Abbildung 5.23 bei der Anzahl der gefundenen Korrespondenzen. Aus dieser Beobachtung kann gefolgert werden, daß der Einfluß von Rauschen die Qualität des Meßergebnisses negativ beeinflußt bzw. daß die Glättung das Meßergebnis verbessert. Eine Forderung an den Meßaufbau ist daher, daß Rauschen möglichst eliminiert werden muß. Weder Standardabweichungen noch Anzahl der gefundenen Korrespondenzen weisen sonst auffällige Regelmäßigkeiten auf. Auch diese Auswertungen ergeben keine Abhängigkeiten der Meßergebnisse vom Zeitpunkt der Messung. Zusammenfassend kann gesagt werden, daß von dem System reproduzierbare Meßergebnisse bestimmt werden.

Geschwindigkeitsbetrachtungen

Die im folgenden genannten Zeitangaben beziehen sich auf eine reine Softwarelösung. Das System wurde in PASCAL implementiert und auf einer Micro VAX II ausgeführt.

Im Vergleich zum Verfahren der Laserstereometrie, bei der mit derselben Hardware-konfiguration − wie in Kapitel 4.2.1 gezeigt − ca. 6 Sekunden für die Messung eines einzelnen Punktes benötigt werden, weist die Farbstereometrie pro gemessenem Punkt wesentliche Geschwindigkeitssteigerungen auf. Dies liegt zum einen daran, daß für die Erstellung einer gesamten Entfernungskarte nur eine Aufnahme bzw. drei Farbauszüge pro Kamera und Szene erfolgen, zum anderen müssen nicht für jeden Entfernungswert ganze Bilder nach dem hellsten Punkt durchsucht werden, wofür bei der Laserstereo-metrie die meiste Zeit in Anspruch genommen wird.

Für die Erstellung einer Entfernungskarte sind die Ausführungszeiten der folgenden Bearbeitungsschritte zu summieren :

- Aufnahme der sechs Farbauszüge
- Übertragung der Videobilder zum Rechner
- Bildvorverarbeitung
- Korrespondenzanalyse
- Berechnung der Entfernung

Da die Aufnahme der Bilder wegen der Beschränkungen der Videokarte zur Zeit teil-weise manuell vorgenommen wird, d.h. zunächst die Farbauszüge der linken Kamera in den Hauptspeicher transferiert werden und erst nach manuellem Umschalten die der rechten, benötigt dieser Arbeitsschritt relativ viel Zeit. Ist es möglich, beide Farbaus-züge ohne manuellen Eingriff direkt in die Videokarte einzuschreiben und auf den Transfer in den Hauptspeicher zu verzichten, so braucht nur die Zeit für die Digitalisie-rung der Farbauszüge berücksichtigt werden. Entsprechend den Überlegungen in Kapi-tel 4.2.1 wären dies 20 ms. Tatsächlich werden 6 ms für die Bildaufnahme und $2 \cdot 4{,}5$ s für die Übertragung der Farbbilder zum Rechner benötigt.
Die vorgestellten Algorithmen zur Bildvorverarbeitung, insbesondere das Entrauschen, können von geeigneter Hardware in Echtzeit, d.h. während der Digitalisierungszeit von 20 ms ausgeführt werden. Die aktuelle Implementierung benötigt für die komplette Bildvorverarbeitung pro Pixel 1,3 ms. Da zwei Bilder der Höhe m und Breite n bearbei-tet werden, beträgt die komplette Vorverarbeitungszeit $2 \cdot m \cdot n \cdot 1{,}3 \cdot 10^{-3}$s.
Die Korrespondenzanalyse ist der zeitaufwendigste Teil der Erstellung einer Entfer-nungskarte. Wegen der vielen beeinflussenden Parameter und der unterschiedlichen in Kapitel 5.1.2 aufgeführten Möglichkeiten zur Geschwindigkeitssteigerung, die den Aufwand nicht linear beeinflussen, ist es nicht möglich einen allgemeingültigen Wert

für die Berechnungsdauer anzugeben. Zur Abschätzung wird daher der Wert für den schlechtesten Fall angegeben. Der schlechteste Fall ist gegeben, wenn 512 Pixel pro Zeile beleuchtet sind und weder globale noch lokale Disparitätslimits berücksichtigt werden. Die physikalische untere Schranke von 0 mm wird weiterhin berücksichtigt. Weiterhin wird die Abstandsschranke für den Abbruch der Ähnlichkeitsberechnung auf einen nicht erreichbaren Wert gesetzt. Der Aufwand A_Z für eine Zeile wird unter Vernachlässigung der konstanten Terme abgeschätzt durch (vgl. Kapitel 5.1.2):

$$A_Z\,(k,\,n) = k \cdot n^2 + 3 \cdot n$$
$$T_Z\,(k,\,n) = A_Z\,(k,\,n) \cdot \frac{T_0}{A_0}$$

Für die Fensterbreite $k = 1$ wurde als Wert für den schlechtesten Fall $T_0 = T_Z\,(1,\,512)$ mit 66,1 s pro Bildzeile gemessen. A_0 ergibt sich zu $A_Z(1,\,512) = 512^2 + 3 \cdot 512$.

Aufgrund der Optimierungen durch ein globales Disparitätslimit kann für die Abschätzung statt n^2 der Term $n \cdot j$ (mit j = Anzahl der Pixel des Epipolarlinienabschnitts) eingesetzt werden. Für Bilder der Höhe m, Breite n, Fensterbreite k und Epipolarlinienabschnittsbreite j kann dann die Dauer T für die komplette Korrespondenzsuche abgeschätzt werden durch

$$T \leq m \cdot (k \cdot n \cdot j + 3 \cdot n) \cdot \frac{T_0}{A_0}\ \text{s}.$$

Für den beschriebenen Meßaufbau mit schielenden Kameras ergeben sich bei einem globalen Disparitätslimitintervall [0 mm, 1000 mm] als Breite 4470 Pixel bzw. bei [200 mm, 550 mm] 270 Pixel. Im Vergleich mit dem schlechtesten Fall ergibt dies theoretisch eine Geschwindigkeitssteigerung um den Faktor 1 bzw. 2. In der Praxis werden bessere Faktoren (1,2 bzw. 2,7) erreicht, da in Abhängigkeit von der betrachteten Pixelspalte weite Bereiche des korrespondierenden Epipolarlinienabschnitts außerhalb der Bilder bzw. im unbeleuchteten Bereich liegen. Weiterhin wird durch Beachtung der unidirektionalen Verschiebung ein Großteil von Korrespondenzen als nicht sinnvoll von der Betrachtung ausgeschlossen. Aufgrund der Optimierungen durch ein lokales Disparitätslimit von z.B. ±10 mm können bei Szenen mit großen Flächen gleicher Entfernung Geschwindigkeitssteigerungen bis zum Faktor 20 erzielt werden. Entsprechend den Angaben in Kapitel 4.2.1 nimmt die Berechnung der Entfernung für einen Punkt 20 ms in Anspruch. Werden Bilder der Höhe m und Breite n bearbeitet, beträgt die komplette Berechnungszeit theoretisch $m \cdot n \cdot 2 \cdot 10^{-3}$ s. Diese Berechnung wird allerdings nur dann durchgeführt, wenn eine eindeutige Korrespondenz gefunden wurde. Dies ist erfahrungsgemäß für ca. 70% der betrachteten Pixel der Fall.

Insgesamt benötigt das Verfahren in der aktuellen Implementierung mit den oben angegebenen Werten also im schlechtesten Fall:

Aufnahme der Videobilder: $\qquad$ $6 \cdot 20 \cdot 10^{-3}$ s
Übertragung der Farbbilder: $\qquad$ $2 \cdot 4,5$ s
Bildvorverarbeitung : $\qquad$ $2 \cdot m \cdot n \cdot 1,3 \cdot 10^{-3}$ s
Korrespondenzanalyse: $\qquad$ $m \cdot \dfrac{k \cdot n \cdot j + 3 \cdot n}{512^2 + 3 \cdot 512} \cdot 66,1$ s
Entfernungsberechnung: $\qquad$ $m \cdot n \cdot 20 \cdot 10^{-3}$ s
Entfernungsbestimmung für eine Szene $\qquad$ ≈ 11 h $\qquad$ (m=512, n=512, j = 512, k=1)

Bei der Bewertung dieser Abschätzung muß beachtet werden, daß *keine* Optimierung berücksichtigt wird und daß die Anzahl der betrachteten Pixel mit 512×512 sehr hoch gewählt ist. In Kapitel 3.2.2 wurde ein Verfahren vorgestellt, daß 48×50 Punkte in 490 ms berechnet. Bei gleicher Anzahl von Punkten ergibt die Abschätzung eine Obergrenze von 2,6 min. Dabei wird im Gegensatz zum genannten Verfahren keine Spezialhardware verwendet.

Der zentrale Ansatzpunkt zur Verbesserung der Geschwindigkeit ist die Verringerung von T_0. Dies ist z.B. durch einen schnelleren Rechner bzw. durch Einsatz spezieller Hardware möglich. Der Einsatz eines modernen RISC-Rechners würde bereits eine Verbesserung um den Faktor 20 erbringen. Eine andere Möglichkeit zur Geschwindigkeitssteigerung bietet sich dadurch, daß die Korrespondenzsuche zeilenweise voneinander unabhängig vorgenommen wird. Deswegen ist die Parallelverarbeitung der Zeilen auf mehreren Rechnern ohne Beschränkungen möglich.

Zum Vergleich mit anderen Systemen sind in Tabelle 5.11 die gemessenen Ausführungszeiten einiger Testläufe angegeben, die alle Möglichkeiten der Geschwindigkeitssteigerung ausnutzten. Die letzte Spalte enthält den Faktor der Geschwindigkeitssteigerung, der sich beim Vergleich mit der Abschätzung ergibt.

Testszene	Fensterbreite	Pixelanzahl	Meßzeit	Pixel/min	Faktor
ebene Fläche	5 Pixel	13000	93 s	8400	15
	15 Pixel	13000	146 s	5300	45
Tasse (mit Schatten,	5 Pixel	6500	73 s	5300	13
Überdeckungen,	15 Pixel	6500	120 s	3300	21
Glanzlichtern)					

Tabelle 5.11 Ermittelte Meßzeiten der Testläufe

Diese Messungen zeigen, daß im Mittel eine Geschwindigkeitssteigerung um den Faktor 20 erreicht werden kann. Für den angesprochenen Vergleich mit dem in Kapitel 3.2.2 vorgestellten Verfahren würde ein solcher Faktor bedeuten, daß die Erstellung einer Entfernungskarte statt 2,6 min nur 8 s in Anspruch nehmen würde.

5.2.2   Entfernungskarten

Im folgenden werden einige Szenen mit dem implementierten Verfahren vermessen, von denen dann eine Entfernungskarte generiert wird. Im ersten Beispiel wird ein dreifach gefaltetes Blatt Papier in den Sichtbereich der Kameras gebracht. Die Anordnung der Kameras wurde derart gewählt, daß keine verdeckten Kanten auftreten. Die beiden Kamerabilder, die mit einer Auflösung von 256×256 Bildpunkten aufgenommen wurden, zeigt Abbildung 5.21.

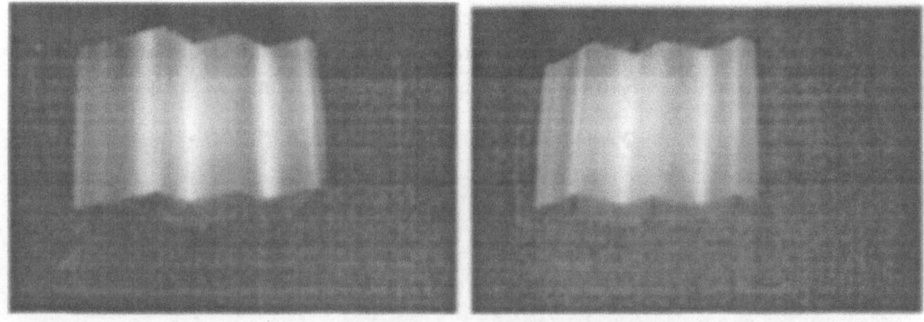

Abbildung 5.21   linkes und rechtes Kamerabild des gefalteten Blattes

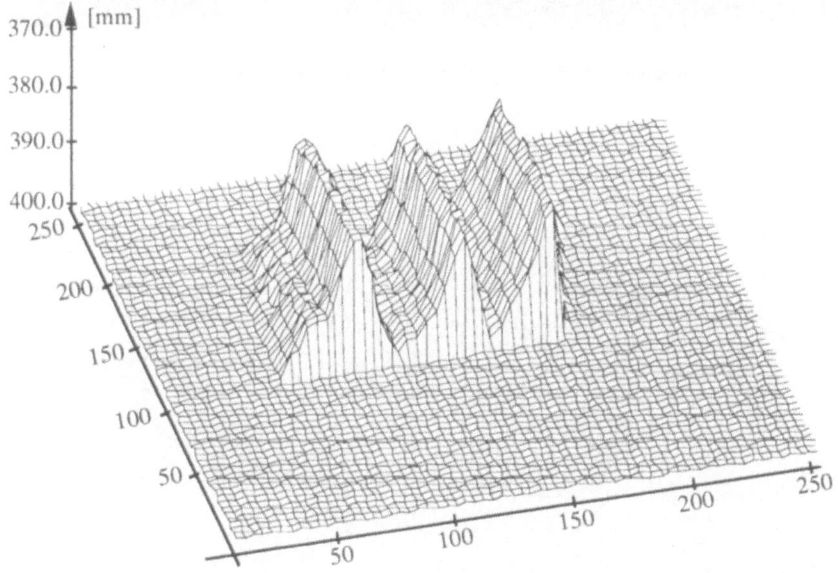

Abbildung 5.22   Entfernungskarte der Abbildung 5.21 in dreidimensionaler Darstellung

Von allen Bildpunkten, die mit dem Muster beleuchtet sind, werden die korrespondierenden Punkte nach dem in Kapitel 5.1.2 beschriebenen Verfahren ermittelt. Die Suche der ca. 11500 Korrespondenzpunkte und die Entfernungsberechnung nimmt ungefähr 2 Minuten in Anspruch. Die aus den Korrespondenzpaaren berechneten Entfernungen zeigt Abbildung 5.22 in dreidimensionaler Darstellung.

Der flache Untergrund der Karte kennzeichnet den nicht selektierten Bereich des Kamerabildes. Die Falten des Blatt Papiers sind in dieser Darstellung gut zu erkennen, und es treten keine groben Meßfehler auf.

Das zweite Beispiel zeigt eine komplexere Szene, in der auch Schatten und Überdeckungen auftreten. Diesmal werden drei versetzt angeordnete Holzzylinder (d = 3,5 cm) vermessen, deren Kamerabilder die folgende Abbildung 5.23 zeigt :

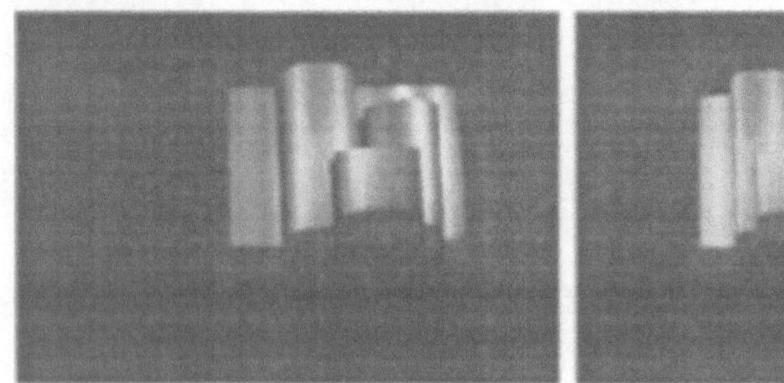

Abbildung 5.23   Kamerabilder der drei Holzzylinder

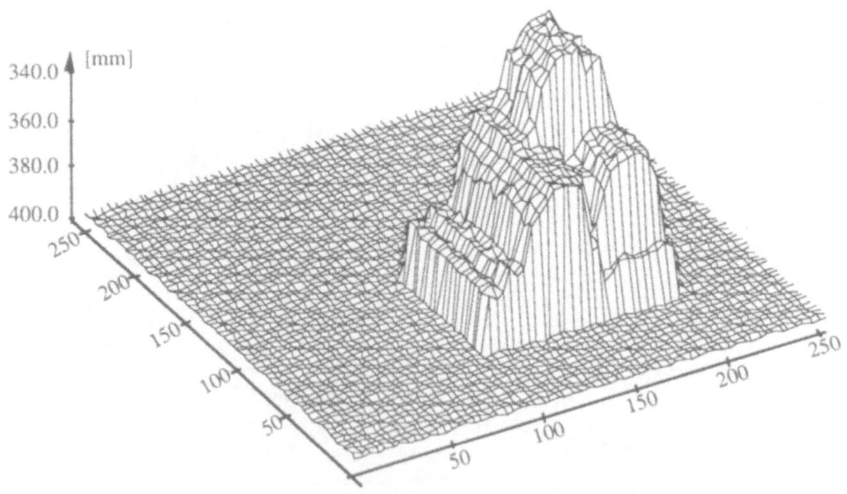

Abbildung 5.24   Entfernungskarte der Messung von Abbildung 5.23

Die aus den Entfernungen erzeugte Darstellung (siehe Abbildung 5.24) wurde um 180° gedreht, da die hinteren Zylinder sonst von dem vorderen verdeckt sind. Die runden Oberflächen der Zylinder werden zum Teil gut wiedergegeben. Vorne links im dargestellten Meßergebnis ist eine zusätzliche Erhebung erkennbar, die in der Szene nicht auftritt. Dies ist auf den Schattenwurf zurückzuführen, der aus der Sicht der rechten Kamera rechts neben dem Zylinder sichtbar ist.

Zum Abschluß soll noch die Messung besprochen werden, die mit den Farbbildern im Anhang dokumentiert ist. Die Messung zeigt das gesamte Potential, aber auch alle Probleme, die die aktuelle Implementierung aufweist. Zunächst werden die Besonderheiten der Bilder erklärt. Anschließend folgt eine Diskussion der Ergebnisse.

In Farbbild 1 ist noch einmal der Versuchsaufbau abgebildet. Gut zu erkennen ist der Meßtisch mit dem Millimeterpapier. Im linken Bildteil sind die beiden zueinander geneigten Kameras zu sehen. Der Projektor ist nicht im Bild; er befindet sich links unmittelbar hinter den Kameras. Als Bildhintergrund wurde ein weißes Blatt Papier gewählt, das an der Meßtischplatte im rechten Bildteil befestigt ist. Der Metallblock zu Füßen des beleuchteten Objekts sorgt dafür, daß das Objekt in seiner Lage fixiert ist. Der (externe) Koordinatenursprung liegt in etwa an der Vorderkante der Objektive. Die Z-Achse weist in Richtung des Meßobjekts. Für die Aufnahme des Farbbildes war sehr viel Umgebungslicht notwendig. Daher ist auch die Wiedergabe des Farbcodes auf dem Bild sehr blaß.

Farbbild 2 ist dagegen praktisch ohne Umgebungslicht aufgenommen worden. Das Bild wurde etwa aus der Position der rechten Kamera aufgenommen. Der verwendete Farbfilm hat natürlich eine andere Farbempfindlichkeit als die verwendeten Kameras. Dennoch vermittelt das Bild einen Eindruck, in welcher Form die Energie von der Szene reflektiert wird. So ist z.B. in diesem Bild zu erkennen, daß der rechte blaue Streifen sehr dunkel ist.

Farbbilder 3 und 4 zeigen das Meßobjekt, einen metallischen Getriebedeckel, aus verschiedenen Ansichten. Die Bilder sollen die Abmessungen des Objekts verdeutlichen. Wie zu erkennen, wurde der Deckel seidenmatt hellweiß lackiert. Trotz der matten Lackierung wird das Auftreten von Glanzlichtern nicht vollständig verhindert.

Die Farbbilder 5 und 6 zeigen die für die Messung verwendeten, digitalisierten Farbaufnahmen der linken bzw. der rechten Kamera. Die zu erkennende Diskretisierung der Farben hängt mit den Ausgabemöglichkeiten der Videokarte zusammen. Für die Darstellung von Farben auf dem Monitor stehen nur 3×4 statt der erforderlichen 3×8 Bit zur Verfügung. Die Rasterung hat aber gleichzeitig zur Folge, daß die ungleichmäßige Helligkeitsverteilung des verwendeten Diaprojektors erkennbar wird.

Besonders gut ist der Effekt am linken oberen Übergang von grün nach rot zu sehen. Hier werden Punkte gleicher Helligkeit auf Ovalen statt auf parallelen vertikalen Geraden abgebildet. Auf der horizontalen Mittelachse ist dagegen eine recht gleichmäßige Helligkeitsverteilung erkennbar.

Um die Probleme mit dem mangelhaften Gleichlauf der zur Verfügung stehenden Kameras zu umgehen, wurden die Aufnahmen nach dem Prinzip des temporären Stereos aufgenommen. Für die Aufnahme war die Hintergrundfläche in einer Entfernung von 290 mm positioniert. Der Deckel war wie in Farbbild 1 unmittelbar an diese Hintergrundfläche angelehnt. Wegen der maximalen Höhe des Deckels von 40 mm bedeutet dies, daß reale Entfernungen im Intervall [250 mm, 290 mm] auftreten. Um die Bilder zu entrauschen, wurden die Originalaufnahmen durch einen 5×3 Mittelwertoperator geglättet.

Die Farbbilder 7 und 8 zeigen schließlich die zugehörigen berechneten Entfernungskarten. Um alle Details darstellen zu können, wurde eine Falschfarbendarstellung gewählt, wobei jeweils am linken Bildrand der Maßstab in Form eines Farbbalkens abgebildet ist. Einer Farbstufe des Farbbalkens entspricht von oben nach unten eine Entfernung aus dem Intervall [230 mm, 310 mm]. Jedes Pixel wird mit der Farbe dargestellt, die seiner berechneten Entfernung entspricht. Ein schwarzer Punkt steht für eine positiv falsche Zuordnung, hat also die Bedeutung, daß die Entfernung unbestimmt ist. Zu Demonstrationszwecken wurden die Entfernungskarten nicht geglättet bzw. durch Interpolation aufgefüllt; alle dargestellten Punkte wurden bei der initialen Suche gefunden.

Folgende Parameter wurden bei der Berechnung eingestellt:

Fensterbreite der Korrespondenzsuche = 9 Pixel
Schranke für zu schlechte Bewertung = 4000
globales Disparitätslimit [230 mm, 310 mm]
betrachteter Bildausschnitt (im linken Bild) = 330 × 312 Pixel (= 102960 Pixel).

Bei der Berechnung wurden in 3,2 Stunden Rechnerzeit 73375 Korrespondenzen gefunden (= 71%). Es sind – vorsichtig geschätzt – weniger als 10% auffällige, negativ falsche Zuordnungen enthalten, von denen ca. 75% in den Bereich des rechten blauen Streifens fallen. Die positiv falschen Zuordnungen wurden zu ca. 90 % wegen Verletzung der Forderung nach Eindeutigkeit erkannt, ca. 5% wurden wegen zu schlechter Bewertung nicht betrachtet.

Die restlichen positiv falschen Zuordnungen kommen durch Rundungsfehler bei der Zuweisung einer Farbe an einen nicht im Pixelraster befindlichen Korrespondenzpunkt zustande. Ausdruck dafür sind die hyperbelähnlichen schwarzen Linien in den Entfernungsbildern. Beispiele sind im rechten Entfernungsbild im rechten Bildteil und im linken Entfernungsbild im linken Viertel zu erkennen. Weitere positiv falsche Zuordnungen, die algorithmusbedingt sind, sind in den fingerabdruckähnlichen schwarzen Linien zu erkennen. Beispiele sind im rechten Entfernungsbild im rechten Bildteil und im linken Entfernungsbild im linken Bildteil zu erkennen. Ursache für das Problem ist die perspektivische Verzerrung. Erkennbar wird dies dadurch, daß der jeweils korrespondierende Teil vollständig gefüllt ist. Eigentlich müßte das frei gebliebene Pixel zwei Partnern zugewiesen werden. Dies wird durch die implementierte Forderung nach Eindeutigkeit verhindert. Eine Lösungsmöglichkeit wäre das Auffüllen durch Interpolation.

Viele positiv und negativ falsche Korrespondenzen werden in den Bereichen bestimmt, in denen eine Farbkomponente ihrer maximalen Intensität entgegenstrebt. Gut sichtbar ist der Effekt oben links beim Maximum von grün bzw. bei dem von rot. Die Ursache des Problems ist die ungleichmäßige Helligkeitsverteilung des Projektors. In den genannten Bereichen werden die anderen beiden Farbkomponenten nicht von den Kameras aufgelöst. Durch die Normierung des Farbvergleichs werden alle Pixel ununterscheidbar, die nur eine Farbkomponente enthalten. In der besser ausgeleuchteten Mitte werden daher auch bessere Ergebnisse erzielt. Besonders stark sind die Probleme im Blaubereich ausgeprägt. Der gesamte rechte blaue Streifen enthält falsche Korrespondenzen. Auch weite Bereiche des linken blauen Streifens unterliegen dem Effekt, allerdings nicht so stark ausgeprägt, da die Ausleuchtung im Zentrum besser ist. Interessanterweise ist eine Tendenz zu geringeren Entfernungen zu erkennen. Eine Ausnahme bildet das Zentrum des rechten blauen Streifens, in dem auch größere Entfernungen zugeordnet werden. Aus diesen Beobachtungen folgt, daß eine bessere Beleuchtungsquelle gesucht werden muß.

Im oberen Bereich des rechten grünen Streifens ist eine Überbelichtung bzw. ein Glanzlicht zu erkennen. An dieser Stelle werden viele positiv falsche Zuordnungen gefunden. Daraus ist zu folgern, daß durch den verwendeten Farbvergleich und die Korrespondenzsuche Glanzlichter korrekt von der Korrespondenzsuche ausgeschlossen werden.

Die Vertiefungen an den Rändern des Deckels werden generell gut aufgelöst. Dies ist in der Entfernungskarte nur schlecht sichtbar, da die relative Tiefe nur 3 mm beträgt. In den vier kurzen Löchern ist der Hintergrund deutlich sichtbar und die Überdeckungen sind korrekt behandelt worden. Weitere Beispiele für Überdeckungen sind an den jeweiligen Seiten der Doppelstege erkennbar. Innerhalb der beiden langen Löcher findet der Algorithmus an den Stellen keine Korrespondenzen, an denen Verschattung auftritt.

Die kleine kreisförmige Markierung im linken unteren Blaubereich wird nicht sichtbar aufgelöst, da der Sprung nur 1 mm beträgt. Dies ist allerdings nur ein Darstellungsproblem. Andeutungsweise ist der leicht gelblich gefärbte diagonale Steg sichtbar.

Die Oberkante des Doppelstegs wird korrekt aufgelöst. Große Teile des Zwischenraums werden ebenfalls korrekt gefunden, allerdings ist ein kleiner Bereich mit negativ falschen Zuordnungen sichtbar, der sich auf das Problem der nahezu parallel zum Objekt liegenden Lichtebenen zurückführen läßt. Das gleiche Problem taucht beim oberen rechten Loch auf.

Links vom linken und rechts vom rechten langen Loch ist ein „Überstrahlen" der geringen Entfernungen der Lochoberseite in den Bereich der Überdeckung zu erkennen. Hier handelt es sich um das Problem des veränderten Hintergrundes. Ausschlaggebend für die negativ falschen Zuordnungen ist die zum Entrauschen der Aufnahmen verwendete Bildglättung, die nicht die Bildschärfe erhält.

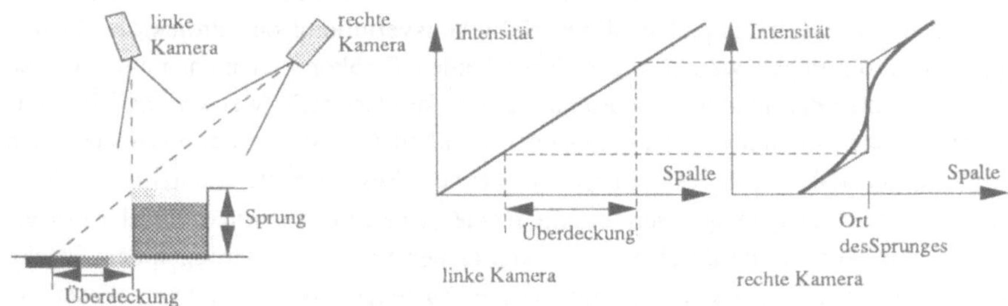

Abbildung 5.25 Auswirkungen der Bildglättung auf den Intensitätsverlauf bei einem Entfernungssprung

Die Abbildung 5.25 illustriert die Verhältnisse für den Verlauf der Grün-Komponente am linken Rand des linken langen Loches. Dabei ist schematisch ein Abschnitt des Intensitätsverlaufs der Farbkomponente im linken und im rechten Bild am Ort des Entfernungssprunges dargestellt. Im linken Bild ist der Entfernungssprung vom Farbverlauf her nicht sichtbar, da der Sichtstrahl praktisch parallel zum Entfernungsprung liegt. Im rechten Bild fehlen wegen der Überdeckung einige Intensitäten. Die Bildglättung durch Mittelwertbildung hat keine Auswirkungen auf den Verlauf im linken Bild. Im rechten Bild werden dagegen wie in der fett dargestellten Kurve die vorher fehlenden Intensitäten hinzugefügt. Für diese hinzugefügten Intensitäten findet der Algorithmus die angesprochenen negativ falschen Korrespondenzen. Im vorliegenden Zusammenhang muß also eine andere Form des Entrauschens gewählt werden.

Am rechten Rand beim Übergang von Blau zum weißen Streifen zeigt sich das Verhalten des Algorithmus bei sehr großem Kontrast zwischen den Farbstreifen. Es werden praktisch zu 100% richtige Zuordnungen gefunden. Daraus läßt sich direkt folgern, daß durch steilere Intensitätsverläufe der Farbkomponenten bessere Ergebnisse erzielt werden können.

6 Zusammenfassung und Ausblick

Die Entwicklung der aktiven Verfahren zur Entfernungsmessung zeigt eine deutliche Tendenz zur Komplexitätssteigerung der Struktur der verwendeten Energiequelle. Bei der Punktbeleuchtung ist es noch ein Lichtstrahl, bei der Streifenbeleuchtung bereits eine Lichtebene, die auf die Szene projiziert wird. Als Weiterentwicklung dieser als eindimensional bzw. zweidimensional zu charakterisierenden Strukturen wurden dreidimensionale Strukturen entwickelt, die neben einer räumlichen Ausdehnung eine Kodierung besitzen. Bei der binärkodierten Streifenbeleuchtung sind es zeitlich nacheinander mehrere kodierte Schwarz/Weiß-Muster und bei der farbkodierten Streifenbeleuchtung ein Farbmuster, das auf die Szene projiziert wird. Durch diese Komplexitätssteigerung wird erreicht, daß mit immer weniger Aufnahmen eine immer größere Anzahl von Meßpunkten gesammelt wird, so daß z.B. bei der farbkodierten Streifenbeleuchtung mit einer einzigen Aufnahme eine Entfernungsmessung für (fast) alle sichtbaren Oberflächenpunkte einer Szene vorgenommen werden kann. Allen Verfahren ist gemeinsam, daß die Entfernung für einen einzelnen betrachteten Punkt nach dem Prinzip der Triangulation berechnet wird. Aktive optische Triangulationsverfahren stellen beim heutigen Stand der Technik zumindest für ortsfeste Roboter die in vielerlei Hinsicht effizienteste Möglichkeit zur Entfernungsbilderzeugung dar.

Flexibler und für größere Entfernungsbereiche geeignet als die aktiven Verfahren ist die passive Stereometrie. Das nur in Teilbereichen bzw. für bestimmte Anwendungen gelöste Hauptproblem der passiven Stereometrie ist die Korrespondenzsuche, die für einen gegebenen Punkt des einen Bildes den zugehörigen Punkt im Bild der anderen Kamera suchen muß. Zusammenfassend kann gesagt werden, daß es hierfür keinen Algorithmus gibt (und geben kann), der allgemeingültig ist und an alle möglichen Szenenkonfigurationen angepaßt werden kann. Vielmehr sind alle Algorithmen für spezielle Einsatzgebiete konzipiert. Die Forderung nach hoher Auflösung und kurzer Auswertungszeit stellt für die Stereoanalyse generell ein großes Problem dar, da mit sehr großen Datenmengen gearbeitet werden muß, die zu langen Auswertungszeiten führen.

Im Rahmen dieser Arbeit wurde das Prinzip der aktiven Stereometrie vorgestellt. Es fundiert auf der Kombination einer aktiven Energiequelle mit dem normalerweise passiven Stereo. Dadurch ergeben sich folgende Vorteile

- gegenüber der passiven Stereometrie:
  - Vereinfachte Korrespondenzsuche und dadurch höhere Auswertungsgeschwindigkeit.
  - Möglichkeit der Störbefreiung durch Identifikation der Struktur.

- weniger negativ falsche Korrespondenzen wegen geringerer Wahrscheinlichkeit von Mehrdeutigkeiten.
- Wesentlich größere Anzahl von Meßpunkten.
- Erkennung von Meßlücken aus den Meßdaten.

- gegenüber dem entsprechenden aktiven Verfahren:
  - Unempfindlichkeit gegenüber Energiestrukturänderungen durch die Objekte.
  - Möglichkeit des Verzichts auf Identifikation der Struktur.
  - Die apparative Kalibrierung der Energiequelle ist unnötig. Daher ist auch die Genauigkeit von evtl. Ablenkeinrichtungen von untergeordneter Bedeutung.
  - Möglichkeit der Fusion unterschiedlicher Meßprinzipien mit demselben Meßgerät.
  - Möglichkeit der Verwendung von Redundanz.
  - Möglichkeit der Lieferung von gezielten Hinweisen.

Die aktive Stereometrie „erbt" vom aktiven Verfahren das Verschattungsproblem und von der Stereometrie das Überdeckungsproblem, sowie von beiden Verfahren Probleme mit Spiegelungen bzw. Glanzlichtern.

Für die experimentelle Überprüfung der Verfahren wurde die schielende Kameraanordnung verwendet. Daraus folgt eine mathematisch relativ aufwendige Korrespondenzsuche bzw. Entfernungsberechnung, die sich aber gegenüber dem achsenparallelen Aufbau durch eine höhere Genauigkeit auszeichnet (s. Kapitel 2.4). Das verwendete Kameramodell zeichnet sich gegenüber dem in vielen Stereosystemen verwendeten auch dadurch aus, daß die Koordinaten bezüglich eines frei wählbaren kameraexternen Koordinatensystems kalibriert werden. Im Zusammenhang mit der Robotik wird z.B. das Roboterkoordinatensystem als Bezugskoordinatensystem gewählt. Dadurch werden Objektkoordinaten direkt in Roboterkoordinaten berechnet. Es wurde außerdem eine Erweiterung des Modells vorgestellt, mit dem auch für bewegte Kameras Entfernungen bezüglich eines feststehenden Bezugskoordinatensystems berechnet werden können, wenn die Bewegungstransformation bekannt ist.

Es wurden Implementierungen zweier Verfahren nach dem Prinzip der aktiven Stereometrie durchgeführt. Die Laserstereometrie ist ein hochgenaues, aber im vorliegenden Aufbau relativ langsames Verfahren, in dem ein Laserpunkt in die Szene projiziert wird. Das Verfahren wurde zum Nachweis der Funktionsfähigkeit des Meßprinzips sowie zur qualitativen und quantitativen Untersuchung der erreichbaren Meßgenauigkeit implementiert. Es wurde gezeigt, daß die Anordnung der Kalibrierungsdaten entscheidenden Einfluß auf die Meßgüte hat. Daraus folgernd wurde eine Methode vorgeschlagen, mit der die Entfernungsdynamik entfernungsmessender Systeme durch Anwendung mehrerer Kalibrierungsebenen gesteigert werden kann. Das Hauptproblem der

Laserstereometrie ist, daß pro Aufnahme nur ein einzelner Punkt vermessen werden kann. In Analogie zur Entwicklung der aktiven Verfahren zur Entfernungsmessung wurde daher eine Komplexitätssteigerung der Struktur der verwendeten Energiequelle vorgenommen.

Die so entwickelte aktive Stereometrie mit Farbkodierung ist ein relativ genaues, sehr schnelles Verfahren, in dem ein dreidimensionaler, farbiger, kontinuierlicher Code in die Szene projiziert wird. Neben den oben genannten prinzipiellen Vorteilen der aktiven Stereometrie zeichnet sich das Verfahren durch folgende Besonderheiten aus. Das Verfahren erlaubt es, eine sehr hohe Aufnahmegeschwindigkeit zu erreichen, da pro Szene nur eine Aufnahme erforderlich ist. Daher ist die Aufnahmegeschwindigkeit nur abhängig von der Kamerageschwindigkeit, wodurch auch die Erfassung bewegter Objekte möglich wird. Die verwendete Energiestruktur ist nur in Zusammenhang mit der aktiven Stereometrie sinnvoll, da durch mögliche Farbveränderungen in der Szene eine Identifikation wenn nicht unmöglich, dann doch wenigstens sehr schwierig ist. Da aber auf die Identifikation der verwendeten Struktur verzichtet werden kann, kann eine kontinuierliche Kodierung der Farbstreifen gewählt werden. Daher ist im Gegensatz zur diskreten farbkodierten Streifenbeleuchtung eine prinzipielle beliebig hohe Auflösung möglich, die nur durch das Auflösungsvermögen der verwendeten Kameras beschränkt ist. Die Korrespondenzsuchealgorithmen arbeiten nur relativ und sind daher einfach und leicht parallelisierbar, wodurch auch eine hohe Auswertungsgeschwindigkeit erzielt werden kann. Durch die Unempfindlichkeit gegenüber Farbänderungen durch Objekte wird die Einschränkung bei der farbkodierten Streifenbeleuchtung kompensiert, daß in der Szene nur Objekte mit vorwiegend neutralen Farben vorkommen dürfen. Die aktive Stereometrie mit Farbe stellt somit das derzeit einzige Verfahren dar, das vom Prinzip her alle Möglichkeiten der aktiven Stereometrie ausnutzen kann.

Die Meßmethode der aktiven Stereometrie mit Farbe wurde einer ausführlichen qualitativen und quantitativen Untersuchung unterzogen. Es wurden der Versuchsaufbau bzw. die Entfernungsberechnungsart gewählt, die sich bei der Untersuchung der Laserstereometrie als optimal herausgestellt haben. Mit diesem Aufbau wurde der Einfluß verschiedener Vorverarbeitungsarten sowie unterschiedlicher Farbmuster auf die Meßgenauigkeit gezeigt. Weiterhin wurde der Einfluß von Parameteränderungen nachgeprüft. Dies betraf sowohl algorithmusinterne Parameter, wie die Fensterbreite und die Abbruchschranke der Bewertungsfunktion, als auch äußere Parameter, wie die Einstellung der Blende bzw. die Beleuchtungsstärke. Außerdem wurde der Einfluß von Tageslicht und Kunstlicht untersucht. Weiterhin wurde der Einfluß zweier unterschiedlicher Farbmodelle und der davon abhängigen Bewertungsfunktionen gezeigt. Schließlich wurde noch der Einfluß unterschiedlicher Materialien kontrolliert. Zum Einsatz kamen farbige wie nichtfarbige, helle wie dunkle und überwiegend diffus reflektierende wie überwiegend spiegelnd reflektierende Objekte.

Prinzipiell dürfen sich keine großen Genauigkeitsunterschiede zwischen der Laserstereometrie und der aktiven Farbstereometrie ergeben, da die eigentliche Entfernungsberechnung auf demselben Prinzip beruht. Da aber bei der aktiven Farbstereometrie auf Subpixelgenauigkeit verzichtet wurde, ist die erreichte Güte der Messung im Arbeitsbereich von 100...550 mm mit einem Fehler von weniger als ±4 mm etwas schlechter als die bei der Laserstereometrie (± 1 mm).

Die axiale Auflösung der aktiven Farbstereometrie wurde bei einer Entfernung von 350 mm mit ≤ 1 mm ermittelt. Bei der Bewertung ist zu berücksichtigen, daß es sich bei der verwendeten Apparatur nicht um hochpräzise Geräte handelt, sondern daß die Entfernungsbestimmung mit einfachen Meßmitteln erfolgte. Beispielsweise war die Helligkeitsverteilung des verwendeten Diaprojektors sehr ungleichmäßig. Weitere Unzulänglichkeiten ergeben sich aus dem Herstellungsprozeß des Lichtstreifendias, bei dem mehrere farbverändernde Systeme (der verwendete Monitor und der verwendete Diafilm) einbezogen werden mußten.

Die verwendeten handelsüblichen 1 Chip RGB-CCD-Kameras sind nichtlinear in Bezug auf die Intensität, die Frequenz und die Verkoppelung zwischen den Farbkanälen. Diese Nichtlinearitäten stellen auf Grund der relativen Arbeitsweise der aktiven Farbstereometrie kein Problem dar, aber bei fehlendem Gleichlauf zwischen den Kameras ergeben sich Probleme. Bei dem vorgestellten Algorithmus wird die Intensitätsgleichheit durch das Programm hergestellt, während der Frequenzgleichlauf vorausgesetzt wird. Diese Voraussetzung wird von den verwendeten Kameras nur ungenügend eingehalten. Gegenstand aktueller und zukünftiger Untersuchungen ist daher die Kalibration eines zu entwikkelnden Farbmodells. Die verwendeten Kameras stellten weiterhin in Bezug auf die geringe Farbempfindlichkeit und die geringe Rauschfreiheit hohe Ansprüche an die entwickelten Algorithmen.

Im Vergleich zur Laserstereometrie wird bei der aktiven Farbstereometrie eine deutliche Geschwindigkeitssteigerung bei der Auswertung erreicht. Dabei muß berücksichtigt werden, daß bei der Farbstereometrie auf eine aufwendige Subpixelbetrachtung verzichtet wurde. Die Auswertung für eine relativ komplexe Szene mit 11500 beleuchteten Punkten nimmt bei der aktiven Farbstereometrie ungefähr 4 Minuten in Anspruch. Die Auswertung derselben Szene bei gleicher Auflösung würde bei der Laserstereometrie ebenfalls ca. 4 Minuten dauern, wenn pro Videobild eine Auswertung vorgenommen werden könnte. Unberücksichtigt ist dabei die Positionierung des Laserstrahls, für die zusätzliche Zeit in Anspruch genommen wird. Bei einer erreichten Auswertungszeit von ca. 6 Sekunden pro Punkt ergibt sich allerdings ein Wert von 18 Stunden. Daher eignet sich das Verfahren der aktiven Farbstereometrie zur schnellen Erstellung einer Entfernungskarte für ganze Szenen, während die langsamere Laserstereometrie dazu herangezogen werden kann, ausgewählte Punkte genauer zu bestimmen. Die Auswertungszeiten beziehen sich auf reine Softwarelösungen auf einer μVAX II, sind also bei entsprechender geeigneterer (Spezial-)Hardware z.B. zum Entrauschen deutlich steigerbar. Alleine durch Portierung auf einen Rechner der derzeitig im Handel befindlichen Generation wäre eine Steigerung der Auswertungsgeschwindigkeit um den Faktor 10...20 möglich. Die vorgestellten Algorithmen eignen sich besonders gut zur Parallelisierung, da sowohl die Vorverarbeitung als auch die Korrespondenzsuche epopolarlinienweise unabhängig voneinander stattfindet. Durch eine derartige Parallelisierung ist eine weitere deutliche Steigerung zu erwarten.

Die reine Meßzeit der aktiven Farbstereometrie beträgt wegen der vorgegebenen Bildfrequenz von 50 Hz im vorgestellten System 20 ms. Unter denselben Bedingungen, also bei derselben Bildfrequenz und einer Auflösung von 512×512 Pixeln, beträgt die kürzeste mögliche Meßzeit für die Laserstereometrie ca. 1,5 Stunden, wenn pro Videobild eine Auswertung vorgenommen werden könnte.

Aus heutiger Sicht ergeben sich zusammenfassend folgende Forschungsmöglichkeiten, denen zum Teil bereits nachgegangen wird.

- Modellierung der Kamera-Nichtlinearitäten, Parametrisierung zum Ausgleich der Exemplarstreuungen.
- Verbesserung der Kamerakalibrierung, um auch nichtlineare Fehler zu berücksichtigen.
- Verbesserung der Kodierung des Beleuchtungsmusters, um den Störabstand zu verbessern. Einbeziehung der Kamera-Nichtlinearitäten in den Codeentwurf. Vergrößerung des Kontrastes zwischen benachbarten Farbstreifen.
- Einbeziehung bzw. Verbesserung von Subpixelbetrachtungen, um die Entfernungsberechnung genauer zu machen.
- Konstruktion geeigneter Beleuchtungsquellen. Entwicklungsziele sind ausreichende Helligkeit, eine möglichst gleichmäßige Helligkeitsverteilung sowie Kompaktheit. Eine interessante Idee in diesem Zusammenhang ist die Verwendung dreier unterschiedlich farbiger Laser, die durch eine entsprechende Optik aufgeweitet werden.
- Verbesserung der Farbvorverarbeitung u.a. durch Benutzung des Vorwissens über die Information im Beleuchtungsmuster. Dies betrifft z.B. die Filterung zum Entrauschen der Signale.
- Verringerung des algorithmischen Aufwandes bei der Korrespondenzsuche durch Benutzung des Vorwissens über die Information im Beleuchtungsmuster.
- Automatische Adaption der Vorverarbeitung und Korrespondenzsuche an den Szeneninhalt.
- Parallelisierung auf geeigneter Hardware mit dem Ziel der Auswertungsgeschwindigkeitssteigerung.
- Fusion mit passiver Stereoverarbeitung.

Abschließend kann gesagt werden, daß die aktive Stereometrie eine interessante, entwicklungsfähige und wegen der prinzipiellen Vorteile wohl auch zukunftsträchtige Meßmethode darstellt. Die vorgestellten Meßergebnisse der aktiven Farbstereometrie zeigen, daß dieses Verfahren bereits konkurrenzfähig, aber auch noch verbesserbar ist. Eine wesentliche Forderung, die an das System gestellt werden muß, um die Akzeptanz zu erhöhen, ist die Verbesserung der Auswertungsgeschwindigkeit. Verschiedene Ansatzpunkte zur Lösung dieses Problems wurden aufgezeigt.

7   Literatur

[Aloimonos 89]   J. Aloimonos, D. Shulman
The Integration of Visual Modules
Boston: Academic Press, 1989

[Altschuler 79]   M. Altschuler, B. Altschuler, J. Tabouda
Proc. SPIE, Vol. 182, 1979

[Ayache 88]   N. Ayache, O. Faugeras
Building, Registrating and Fusing Noisy Visual Maps
Int. J. of Rob. Research, Vol. 7, No. 6, 1988. Cambridge: MIT Press

[Ayache 91]   N. Ayache, F. Lustman
Trinocular Stereo Vision for Robotics
IEEE Trans. on Pat. Anal. and Mach. Intell., Vol. PAMI-13, No.1, January 91, pp. 73-85

[Ballard 82]   D.H. Ballard, C.M. Brown
Computer Vision
Prentice-Hall Inc., Englewood Cliffs, New Jersey 1982

[Bartsch 87]   T. Bartsch
Untersuchungen zur Detektion und Lokalisation markanter Punkte in Farbbildern
Rote Reihe, Universität Hamburg, 1987

[Besl 85]   P. Besl, J. Ramesh
Range Image Understanding
IEEE Computer Society Conference on Computer Vision and Pattern Recognition, June 19-23, 1985, San Francisco, California, pp. 430-449, IEEE Computer Society Press, 1985

[Beyer 87]   H. A. Beyer
Some Aspects of the Geometric Calibration of CCD Cameras
Proceedings Intercommision Conference on Fast Processing of Photogrammetric Data June 2-4, 1987, Interlaken, Switzerland, pp. 68-81

[Blostein 87]   S.D. Blostein, T.S. Huang
Error Analysis in Stereo Determination of 3-D Point Position
IEEE Trans. on Pat. Anal. and Mach. Intell., Vol. PAMI-9, No.6, November 87, pp. 752-765

[Boissonnant 81]   J.D. Boissonnant , F. Germain
A New Approach to the Problem of Acquiring Randomly Oriented Workpieces out of a Bin
Proc. 7th Int. Conf. on Artificial Intelligence, 1981, pp. 796-802

[Boyer 87]   K.L. Boyer, A.C. Kak
Color-Encoded Structured Light for Rapid Active Ranging
IEEE Trans. on Pat. Anal. and Mach. Intell., Vol. PAMI-9, No.1, January 87, pp. 14-28

[Crowley 91]   J. Crowley, P. Bobet, K. Savadik, S. Mely, M. Kurek
Mobile robot perception using vertical line stereo
Robotics and Autonomous Systems (7), 1991

[Dähler 87]   J. Dähler
Problems in Digital Image Acquisition with CCD Cameras
Proceedings Intercommision Conference on Fast Processing of Photogrammetric Data, June 2-4, 1987, Interlaken, Switzerland, pp. 48-59

[Decker 92]   J. Decker
Entwurf und Implementierung eines Verfahrens zur Entfernungsmessung mit einer Kombination von aktivem und passivem Stereo
Studienarbeit am Institut für Technische Informatik der TU Berlin, Oktober 1992

[Doll 85]   T.J. Doll
Nichttaktile Sensoren für Roboter und Sensoreinsatzplanung
Robotersysteme, Heft 2 1986 , pp 55-62

[Echigo 85]   T. Echigo, M. Yachida
A fast method for extraction of 3-D information using multiple stripes and two cameras
Proceedings of the Int. Joint Conf. on Art. Intell. 1985

[Faugeras 86]   O.T. Faugeras, G.Toscani
The Calibration Problem for Stereo
Proc. IEEE Comp. Vision and Pattern Recogn., 1986, pp 15-20

[Faugeras 89]   O.T. Faugeras, G. Toscani
The Calibration Problem for Stereoscopic Vision
NATO ASI Series, Vol F52, Sensors Devices and Systems for Robotics, Springer Verlag, 1989, pp 195-213

[Faure 88]   J. M. Faure, Y. Yang
Calibrating a 3D Visual Sensor: a Factory oriented Approach
Proceedings 4th International Joint Conference on Robot Vision and Sensory Controls, Feb. 21-29, 1988, Zürich, Schweiz, pp. 21-30,

[Fellner 88]   W. D. Fellner
Computer Grafik
BI-Wissenschaftsverlag (Reihe Informatik, Band 58), 1988

[Foley 83]   J. D. Foley, A. Van Dam
Fundamental of Interactive Computer Graphics
Addison-Wesley Publishing Company, Inc. 1983

[Fu 87]   K.S. Fu, R.C. Gonzalez., C.S.G. Lee
Robotics - Control, Sensing, Vision and Intelligence
McGraw-Hill, Singapur, 1987

[Gennery 79]   D.B. Gennery
Stereo Camera Calibration
Proc. Image Understanding Workshop, Nov. 79, pp 101

[Gerhardt 86]   L. Gerhardt, W. Kwak
An Improved Adaptive Stereo Ranging Method for Three –Dimensional Measurements
Proc. IEEE Conf. on Comp. Vision and Pat. Recognition, 1986

[Gershon 85]   R. Gershon
Aspects of Perception and Computation in Color Vision
Computer Vision, Graphics, and Image Processing 32 (1985), pp. 244-277

[Gershon 87]   R. Gershon, A. Jepson, J. Tsotsos
From [R,G,B] to Surface Reflectance: Computing Color Constant Descriptors in Images
Proceedings of the Int. Joint Conf. on Art. Intell. 1987

[Gonzalez 77]   R.C. Gonzalez, P. Wintz
Digital Image Processing
Addison-Wesley, Reading, Mass., 1977

[Groover 86]   M.P. Groover, M. Weiss, R.N. Nagel, N.G. Odrey
                    Industrial Robotics - Technology, Programming and Applications
                    McGraw-Hill, New York, 1986

[Gutsche 91]   R. Gutsche, T. Stahs, F.Wahl
                    Path Generation with a Universal 3d Sensor
                    Proc. 1991 IEEE Conf. on Robotics and Autom.

[Hadamus 91]   I. Hadamus
                    Entwurf und Bau einer computergesteuerten und wahlfrei positionierbaren
                    Laserstrahlablenkeinheit
                    Diplomarbeit am Institut für Technische Informatik der TU Berlin, Nr. 129, April
                    1991

[Henriksen 87]   K. Henriksen, M. C. Kjærulff
                    Camera Calibration
                    Institute of Datalogy, University of Copenhagen, working paper, 1987

[Horn 86]   B.K.P. Horn
                    Robot Vision
                    MIT Press, Cambridge, Massachusetts, 1986
                    and Mc Graw Hill, New York 1986

[Jackél 91]   D. Jackél
                    Computergrafische Sichtsysteme
                    Springer-Verlag, 1991

[Jarvis 83]   R.A. Jarvis
                    A Perspective on Range Finding Techniques for Computer Vision
                    IEEE Trans. on PAMI, Vol. PAMI-5, No.2, März 83, pp 122-139

[Kanatani 90]   K. Kanatani
                    Group-Theoretical Methods in Image Understanding
                    Tokio: Springer–Verlag, 1990

[Kiang 87]   S. M. Kiang, J. K. Aggarwal, R. J. Chou
                    Triangulation Errors in Stereo Algorithms
                    Proceedings of the IEEE Computer Society Workshop on Computer Vision Nov
                    30.- Dec 2. 1987, Miami, Florida pp. 72-78, IEEE Computer Society Press 1987

[Kim 87]   Y. C. Kim, J. K. Aggarwal
                    Finding Range From Stereo Images
                    IEEE Computer Society Conference on Computer Vision and Pattern Recognition,
                    June 19-23, 1985, San Francisco, California, pp. 289-294, IEEE Computer Society
                    Press, 1985

[Klette 92]   R. Klette, P. Zamperoni
                    Handbuch der Operatoren für die Bildbearbeitung
                    Wiesbaden: Vieweg, 1992

[Klinker 88]   G. J. Klinker, A. Shafer, T. Kanade
                    The Measurement of Highlights in Color Images
                    International Journal of Computer Vision, Nr. 2 (1988), pp. 7-32

[Klinker 90]   G. J. Klinker, A. Shafer, T. Kanade
                    A Physical Approach to Color Image Understanding
                    International Journal of Computer Vision, Nr. 4 (1990), pp. 7-38

[Knoll 88]   A. Knoll
                    Fortgeschrittene Verfahren zur ultraschallbasierten Objekterkennung in der
                    Robotik
                    Dissertation, TU-Berlin 1988

[Knoll 90]   A. Knoll, F. Ottink, R. Sasse
                  Aktive Stereometrie - ein Verfahren zur schnellen Generierung von
                  Entfernungsbildern in der Robotik
                  Forschungsberichte des Fachbereichs Informatik, TU-Berlin, Bericht 1990/6

[Koschan 91]   A´. Koschan
                  Eine Methodenbank zur Evaluierung von Stereo-Vision-Verfahren
                  Dissertation, TU Berlin, 1991. Auch als technischer Bericht 91-09 des Fachbereichs
                  Informatik der TU Berlin.

[Lenz 87]   R. K. Lenz
                  Lens distortion corrected CCD-camera calibration with co-planar calibration
                  points for real-time 3D measurement,
                  Proceedings Intercommision Conference on Fast Processing of Photogrammetric
                  Data, June 2-4, 1987, Interlaken, Switzerland, pp. 60-67

[Lenz 88]   R.K. Lenz, R.Y. Tsai
                  Techniques for Calibration of the Scale Factor and Image Center for High
                  Accuracy 3-D Machine Vision Meteorology
                  IEEE Trans. on PAMI, Vol. PAMI-10, No.5, September 88, pp 713-720

[Levi 89]   P. Levi, L. Vatjá
                  Combined 2-D and 3-D Robot Vision System
                  NATO ASI Series, Vol F52, Sensors Devices and Systems for Robotics, Springer
                  Verlag, Berlin Heidelberg 89, pp 187-193

[Lin 83]   J. C. Lin, Z.C. Chi
                  Accuracy Analysis of a Laser/Camera Based 3-D Measurement System,
                  Third International Joint Conference on Robot Vision and Sensory Controls,
                  Cambridge, Ma., 7-10 Nov. 1983, pp. 158-171

[Luhman 87]   T. Luhman
                  On Geometric Calibration of Digitized Video Images of CCD Arrays
                  Proceedings Intercommision Conference on Fast Processing of Photogrammetric
                  Data, June 2-4, 1987, Interlaken, Switzerland, pp. 35-47

[Marr 82]   D. Marr
                  Vision
                  W.H. Freeman and Company, San Francisco, 1982

[Martins 81]   H. A. Martins, J. R. Birk, R. B. Kelly
                  Cameramodels Based on Data from Two Calibration Planes
                  Computer Graphics and Image Processing, Vol. 17, pp. 173-180, 1981

[Mersch 86]   S. Mersch, J. Stubbs,
                  Projecting and Using Multiple Lines of Laser Light
                  Vision 86, Conference Proceedings, June 3 - 5, 1986, Detroit, Michigan, pp. 6-13 -
                  6-26, Machine Vision Association

[Monks 92]   T.P. Monks, J.N.Carter, C.H. Shadle
                  Colour-Encoded Structured Light for Digitisation of Real-Time 3D Data
                  Int. Conf. on Image Process. and its Applications, Maastricht, April 92, pp. 327-330

[Nitzan 88]   D. Nitzan
                  Three-Dimensional Vision Structure for Robot Applications
                  IEEE Trans. on PAMI, Vol. PAMI-10, No.3, May 88, pp. 291-309

[Osamu 86]   O. Osamu, N. Tomoaki, Y. Shin
                  Real-Time Range Measurement Device for Three-Dimensional Object Recognition
                  IEEE Trans. on PAMI, Vol. PAMI-8, No.4, Juli 86, pp. 550-554

[Ottink 89]   F. Ottink
                     Kalibrierung eines Roboter-Kamera-Systems
                     Studienarbeit am Institut für Technische Informatik der TU Berlin, 1989.

[Ottink 90]   F. Ottink
                     Grundlagenuntersuchung zur Laserstereoskopie
                     Diplomarbeit am Institut für Technische Informatik der TU Berlin, 1990.

[Pavlidis 86]   T. Pavlidis
                     A critical Survey of Image Analysis Methods
                     IEEE Trans. on PAMI, 86, pp. 502-515

[Penna 86]   M. A. Penna, R. R. Patterson
                     Projective geometry and its application to computer graphics
                     Prentice Hall, Engelwood Cliffs, N. J., 1986

[Plaßmann 91]   P. Plaßmann
                     *Measuring the Area and Volume of Human Leg Ulcers Using Colour Coded
                     Triangulation*
                     Proc. First Conf. on Advances in Wound Management, Cardiff, 1991

[Pritschow 91]   G. Pritschow, A. Horn
                     Schnelle adaptive Signalverarbeitung für Lichtschnittsensoren Robotersysteme, Nr.
                     4, 1991

[Roberts 87]   K. S. Roberts, S. Ganapathy
                     Stereo Triangulation Techniques
                     Proceedings of the IEEE Computer Society Workshop on Computer Vision Nov 30.
                     - Dec 2. 1987, Miami, Florida pp. 336-338, IEEE Computer Society Press 1987

[Rodríguez 90]   J. J. Rodríguez, J. K. Aggarwal
                     Stochastic Analysis of Stereo Quantization Error
                     IEEE Transactions on Pattern Analysis and Machine Intelligence, May 1990, Vol.
                     12, No. 5, pp. 467-470, IEEE Computer Society Press

[Sasse 88]   R. Sasse
                     *Implementierung fortgeschrittener Algorithmen zur dreidimensionalen
                     Objekterfassung mit einem Computer Vision System*
                     Diplomarbeit am Institut für Technische Informatik der TU Berlin, Nr 56, 1988.

[Sato 82]   Y. Sato, H. Kitagawa, H. Fujita
                     Shape Measurement of Curved Objects Using Multiple Slit-Ray Projections
                     IEEE Transactions on Pattern Analysis and Machine Intelligence, Vol. PAMI-4,
                     Nov. 1982, pp. 641-646, IEEE Computer Society Press

[Shah 89]   Y. C. Shah, R. Chapman, R. B. Mahani
                     A New Technique to Extract Range Information from Stereo Images
                     IEEE Transactions on Pattern Analysis and Machine Intelligence, Vol. 11, No. 7,
                     July 1989, pp.768-773

[Sherman 90]   D.Sherman, S.Peleg
                     Stereo by Incremental Matching of Contours
                     IEEE Trans. on Pat. Anal. and Mach. Intell., Vol. PAMI-12, No.11, November 90,
                     pp. 1102-1106

[Shirai 87]   Y. Shirai
                     Three-Dimensional Computer Vision
                     Springer Verlag, New York 1987

[Shirai 89]   Y. Shirai
Application of Laser Range Finder to Robot Vision
NATO ASI Series, Vol F52, Sensors Devices and Systems for Robotics, Springer Verlag, Berlin Heidelberg 89, pp 313-322

[Slama 80]   C. C. Slama, C. Theurer, S. W. Herrikson, Hrsg.
Manual of Photogrammetry, American Society of Photogrammetry
Falls Church, Va., 1980

[Stahs 90]   T.G. Stahs, F.M. Wahl
Fast and Robust Range Data Acquisition in a Low-Cost Environment
ISPRS Symposium „Close range Photogrammetry meets Machine Visison", Zürich, 1990

[Stoer 76]   J. Stoer
Einführung in die Numerische Mathematik
Springer-Verlag, Berlin 1976

[Tajima 87]   J.Tajima
Rainbow range finder principle for range data acquisition
Proc. IEEE Workshop Industrial Applications of Mach. Vision and Mach. Intell., February 87, pp 381-386

[Tsai 86]   R.Y. Tsai
An Efficient and Accurate Camera Calibration Technique for 3D Machine Vision
IEEE Int. Conf. on Comp. Vision and Image Processing, Juni 86

[Verch 91]   M. Verch
Entwurf und Implementierung eines Verfahrens zur Entfernungsmessung durch Auswertung von Farbinformationen
Diplomarbeit am Institut für Technische Informatik der TU Berlin, Nr 141, 1991.

[Vuylsteke 90]   P.Vuylsteke , A.Oosterlinck
Range Image Acquisition with a Single Binary-Encoded Light Pattern
IEEE Trans. on Pat. Anal. and Mach. Intell., Vol. PAMI-12, No.2, February 90, pp. 148-164

[Yakimovsky78]   Y. Yakimovsky, R. Cunningham
A System for Extracting 3D-Measurements from a Pair of TV Cameras
Computer Graphics and Image Processing, 1978, pp 195-210

[Yang 84]   H.S. Yang, K.L. Boyer, A.C. Kak
Range data extraction and interpretation by structured light
Proc. 1st IEEE Conf. Artificial Intell. Applications, Dec. 84, pp 199-205

Anhang A

Die in diesem Anhang befindlichen Farbbilder 1...8 werden in Kapitel 5.2.2 diskutiert.

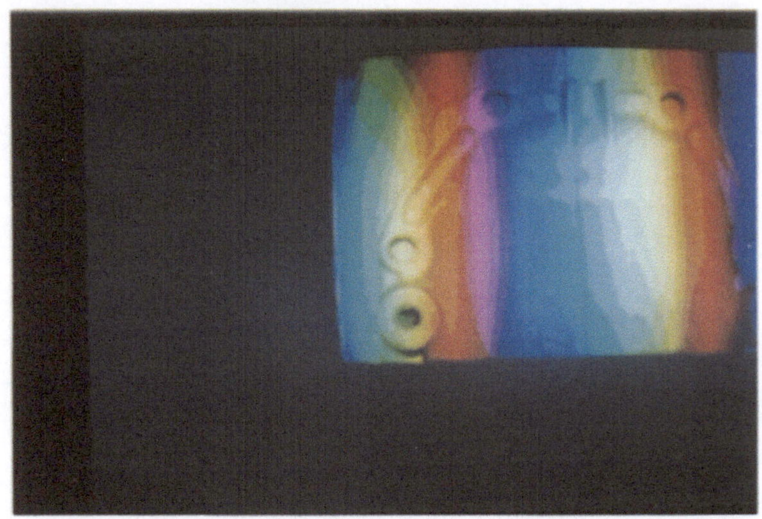

Farbbild 5   Digitalisierte Farbaufnahme der linken Kamera

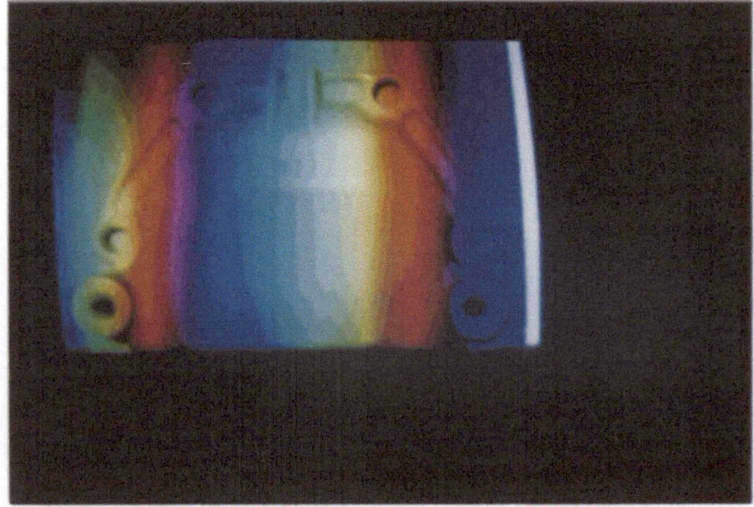

Farbbild 6   Digitalisierte Farbaufnahme der rechten Kamera

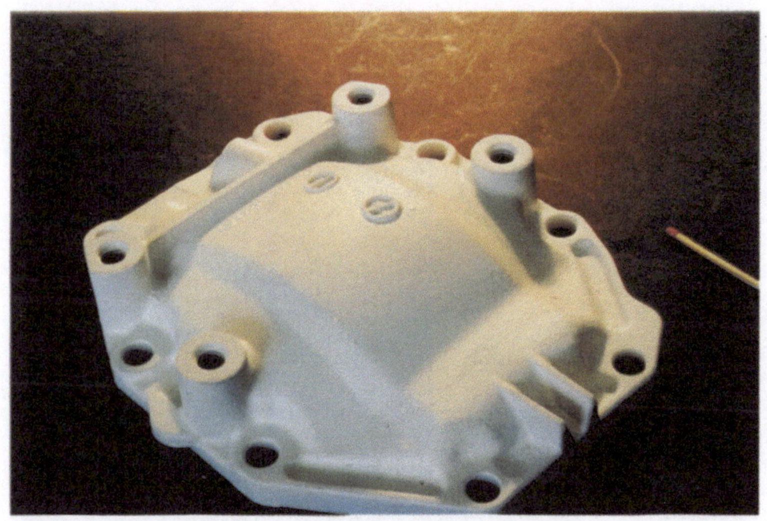

Farbbild 3   Ansicht des Getriebedeckels

Farbbild 4   Ansicht des Getriebedeckels

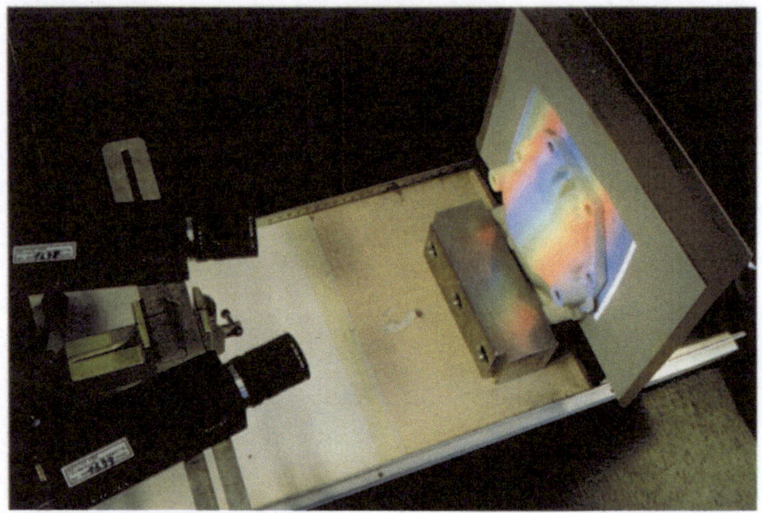

Farbbild 1 Der Versuchsaufbau

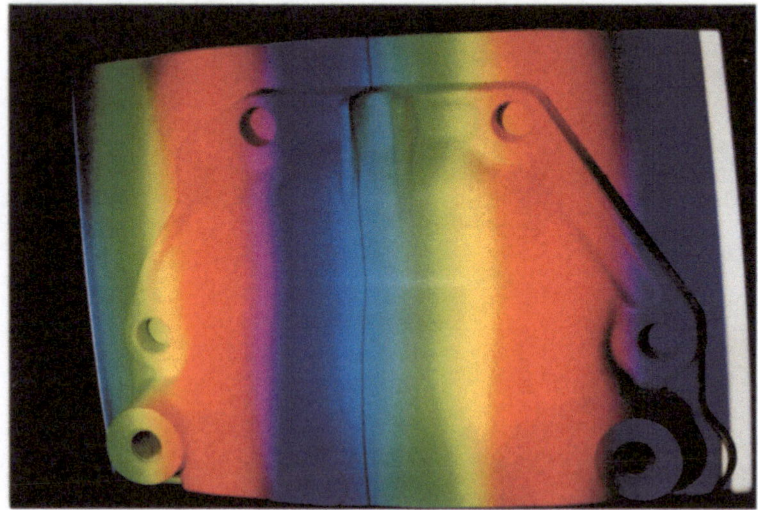

Farbbild 2 Der mit dem Farbcode beleuchtete Getriebedeckel

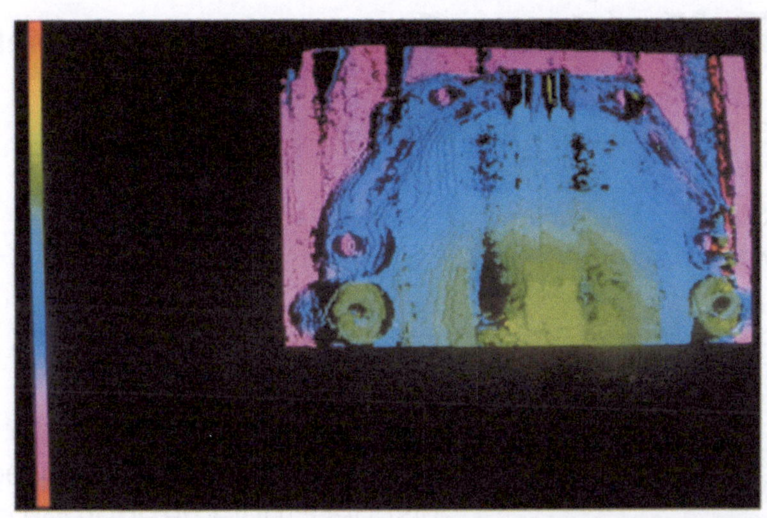

Farbbild 7   Falschfarben-Entfernungsbild der linken Kamera

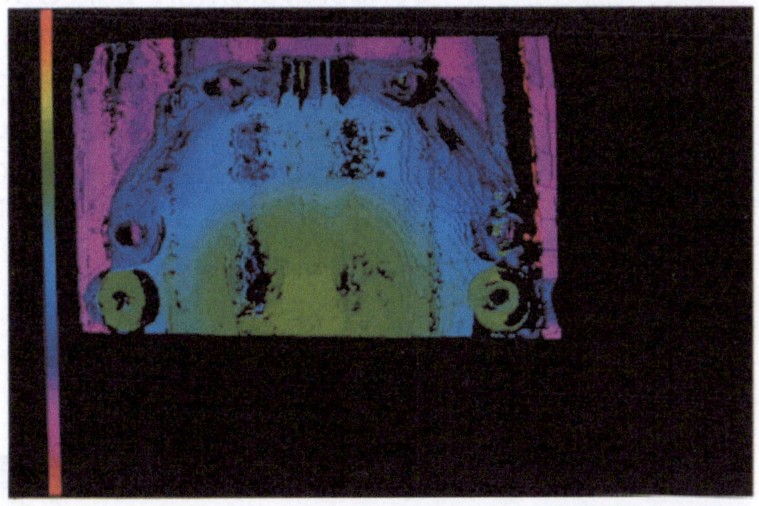

Farbbild 8   Falschfarben-Entfernungsbild der rechten Kamera

Laseroptisches 3D-Konturerfassungssystem

von Bernhard Bundschuh

1991. IX, 192 Seiten (Fortschritte der Robotik; herausgegeben von W. Ameling und M. Weck) Kartoniert.
ISBN 3-528-06427-7

Die Lösung einer Vielzahl technischer Probleme erfordert den Einsatz von Sensoren oder Sensorsystemen zur Gewinnung von Informationen über Form und Beschaffenheit räumlicher Objekte. Das Buch bietet die systemtheoretische Beschreibung und Modellierung einer 3D-Konturerfassung.

Verlag Vieweg · Postfach 58 29 · 65048 Wiesbaden